/ 2019增修版 /

細胞種子

幹細胞和臍帶血的故事

第五屆吳大猷科學普及創作獎金籤獎得主

林正焜——著·插圖

細胞種子

〈出版緣起〉

開創科學新視野

何飛鵬

　　有人說，是聯考制度，把台灣讀者的讀書胃口搞壞了。

　　這話只對了一半；弄壞讀書胃口的，是教科書，不是聯考制度。

　　如果聯考內容不限在教科書內，還包含課堂之外所有的知識環境，那麼，還有學生不看報紙、家長不准小孩看課外讀物的情況出現嗎？如果聯考內容是教科書佔百分之五十，基礎常識佔百分之五十，台灣的教育能不活起來、補習制度的怪現象能不消除嗎？況且，教育是百年大計，是終身學習，又豈是封閉式的聯考、十幾年內的數百本教科書，可囊括而盡？

　　「科學新視野系列」正是企圖破除閱讀教育的迷思，為台灣的學子提供一些體制外的智識性課外讀物；「科學新視野系列」自許成為一個前導，提供科學與人文之間的對話，開闊讀者的新視野，也讓離開學校之後的讀者，能真正體驗閱讀樂趣，讓這股追求新知欣喜的感動，流盪心頭。

　　其實，自然科學閱讀並不是理工科系學生的專利，因為科學是文明的一環，是人類理解人生、接觸自然、探究生命的一個途

徑；科學不僅僅是知識，更是一種生活方式與生活態度，能養成面對周遭環境一種嚴謹、清明、宏觀的態度。

千百年來的文明智慧結晶，在無垠的星空下閃閃發亮、向讀者招手；但是這有如銀河系，只是宇宙的一角，「科學新視野系列」不但要和讀者一起共享，大師們在科學與科技所有領域中的智慧之光；「科學新視野系列」更強調未來性，將有如宇宙般深邃的人類創造力與想像力，跨過時空，一一呈現出來，這些豐富的資產，將是人類未來之所倚。

我們有個夢想：

在波光瀲瀲的岸邊，亞里斯多德、伽利略、祖沖之、張衡、牛頓、佛洛依德、愛因斯坦、普朗克、霍金、沙根、祖賓、平克……，他們或交談，或端詳撿拾的貝殼。我們也置身其中，仔細聆聽人類文明中最動人的篇章……。

（本文作者為商周出版發行人）

目錄

細胞種子

打破刻板印象的科普書——
《細胞種子》讀後有感

陳培榕

　　與阿焜相知相交已超過 30 年，記得當年在學校初識時就對這一位優秀學長剖析人事物的犀利見解與深刻哲思傾服不已。此外，他還有一項特殊才華——能在短時間鑽研、理解與整理深奧淵博的科學與人文知識和理論——舉凡電腦、醫學、社會哲學思潮及政治分析——並能用極其淺白的言語表達敘述其見解與心得，更不吝惜與大家分享。阿焜為人處世謙沖自牧，智慧幽默，更是許多學弟學妹所崇敬的 role model。

　　這些年來，學長更利用忙碌臨床工作之餘暇，用其圓熟深沉的文筆，撰寫出一本又一本主題式科普書籍：《認識 DNA》、《細胞種子：幹細胞和臍帶血的故事》以及《性不性，有關係》。或能夠再版，或能夠得獎，真是令人欽佩。回頭想想自己從事臨床工作也有 20 多年，尤其對頭頸部癌症診治著力甚多，而研究方面則多以臨床 outcome 為主，對基礎科學，往往敬而遠之。但卻每每從學長之著作獲得啟發，且增加許多相關之新知。說來頗覺慚愧，但換一個角度看。正因為書中內容豐富，文字簡潔扼要，從許多細節與描述中，更擴大了自己的專業能力與知識。有時讀來如同一篇精采散文或小說，常常一氣呵成，不忍釋卷，真是人

生一大快樂與享受。也覺得時間有限時,為滿足自己之求知欲,讀一篇言淺意深之文,更甚於讀一本枯燥無味的教科書。

舉例而言,書中〈桃莉羊開啟的新時代〉一章,寫得如同一篇散文式小說,文內提到黃禹錫、胚胎幹細胞及複製動物(人)的故事,夾議夾敘,它生動地描寫了人性、政治(意識型態與國家競爭)、社會、道德、倫理與宗教的衝突與吊詭,促發讀者省思科技、人文及社會之複雜關係。也讓我對這一位悲劇性科學家,寄予無限同情與哀悼。除此之外,書中亦不乏優美的抒情佳句,如此章開頭「蘇格蘭的青草地綿延在起伏有緻的和緩丘陵上,點綴著廣闊綠地的,除了一些井然有序的矮灌木叢,還有雲朵般徜徉其間的綿羊。」淬練抒情風格之文字,誠不亞於優秀文藝秀作家。再者,引述魯迅〈包圍新論〉論及「猛人」的那一段,更讓人見識到學長比喻與用典之如詩人般的文學功力。

專業背景、臨床經驗、文采過人、旁徵博引、有條不紊、結構完整、言簡意賅。書中一篇篇出色豐富的文章皆值得推薦。不管對於專業或非專業人士,皆能各取所需,有所收穫,更加豐富自己新的生物科學與人文知識。我也因此擺脫了對此類文以載道書籍之刻板印象。

原來科普書本也可用這一種方式來寫、其實本就應該如此寫。讀來一點也不覺沉悶乏味。

阿焜做到了。願他繼續執筆不輟。

(本文作者為花蓮慈濟醫院副院長、國家衛生研究院頭頸癌委員)

〈第一版推薦專文〉

幹細胞的美麗與憂愁

李宇宙

　　在荒誕、抑鬱、沉滯的政治氣氛下，多年老友林正焜醫師正待出版他的第二本科學寫作書籍《細胞種子——認識幹細胞與臍帶血》。我相信，在太平洋高氣壓逐日逼近，政治熱季注定讓人燠熱難耐的這個夏天，閱讀一本乍看應與世無爭，和內線交易毫不相干的科學書籍，或許有點清涼退火的功效。

　　接著第一本著作《認識 DNA》的出版，《細胞種子》的書寫自有其脈絡可循。不過在這個時候出版，也有小小巧合的嘲諷和趣味在裡面。在總統第一親家涉入的台開案中，意外扯出了女婿趙建銘醫師收受臍帶血公司天價代言費的新聞，其中還有不同臍帶血銀行業者爭搶金孫「寶血」內幕，包括最後女婿選擇的業者勝出，擊退公主和丈母娘原屬意帶有公益色彩意味的存放考量。臍帶血和幹細胞所牽涉到的商品價值相信讓國人印象深刻，當然也為臍帶血又做了一次尷尬的活廣告。

　　留意外電報導的國人相信都還有印象，不久前，撼動國際媒體的科學界醜聞，韓國首席科學家首爾大學教授黃禹錫的學術造假事件，就是有關胚胎幹細胞的研究。黃禹錫即為本書中「H 的悲劇」主角，作者對此事件有極詳盡的整理報導。該科學醜聞堪

稱是世紀性的，足以和過去歷史上幾個重要的學術欺騙與烏龍案件媲美。從它被冠上「國恥」形容就可見一斑，無論是對科學社群的傷害，國家的傷害是難以衡量的，連同其他的亞洲國家的研究者都可能受到波及。由此也可以反映出，尖端科技的研發競逐是多麼的慘烈殘酷。大家也不難想像，幹細胞研究在本世紀生命科學與臨床醫學上革命性的潛在價值，可以讓一個研究者出賣靈魂。

從複製羊「桃莉」震動全球之後迄今正好屆滿十年，其間靈長類版的猴子胚胎複製不久也宣告成功，這是科學家們給於人類進入二十一世紀最沉重的獻禮。外行人看的熱鬧是，好萊塢電影似的複製人軍隊想像；但內行人所看的門道則是，非僅細胞而已，組織與器官的重生與再現已經不再是夢想，許多重大不治之症的治療隨時可能成為事實。就醫療科技而言，「reproduction」一詞的意涵除傳統繁衍「生殖」的概念外，正無限地延伸。其實早在桃莉羊誕生的前一年，就有另一位愛丁堡的科學家宣稱可以將胎兒卵巢植入不孕婦女的卵巢，協助達成其懷孕心願。

回顧科學的歷史，每一項革命性的發展都像上述的事件一樣的，令人感慨係之。雖然前仆後繼，安貧樂道、甘於寂寞的科學家們多如星辰，但也不乏欺世盜名、急功近利的內線交易者，甚至惡狼禿鷹之流。但是歷史也告訴我們，無論起初如何擾攘嘈切，人類的科技文明總是像輕舟已過萬重山般地成為生活文明的常態，醫療科技尤其明顯。才一百年前X光還是令人驚奇的儀

器,當代已經在運用功能性核磁共振目睹你七情六欲的變化了。幽門螺旋桿菌的發現,也讓胃潰瘍擺脫了動輒切胃的命運,轉為迅速的服藥治療。今天連量身打造的脊髓損傷、帕金森症、幼年型糖尿病胚胎幹細胞都已等不及;甚至下單訂製的癌症標靶治療都已呼之欲出了。

當代的生物與醫學科技開始流行所謂的「轉譯醫學」(Translational Medicine),意指從基礎的、動物模式的研究應用在臨床醫療情境或其他實際用途上。歐美的大學與研究單位,或各個藥廠及生科產業都紛紛揭櫫轉譯醫學的大旗。這其中有兩個重要的指涉,其一即所謂的從實驗室凳子到病床邊的轉譯(Bench to Bedside),亦即基礎科學對臨床應用的「溶入」(in flux),特別是藥物或生科製品等。進一步擴大來說,所有與健康產業相關的知識技術,包括流行病學、成效研究、行為科學等等,也都被期許遵循以實際病患應用為導向的思維。風起雲湧的所謂轉譯研究,當然有重振科學研究終極意義,彌填基礎和臨床科學鴻溝的理念;但是也不乏有以科學成果創造產業效益的考量。

只要一談到科學的經世致用,新科技所可能導致的相關利益與倫理學問題便接踵而至。譬如對於胚胎幹細胞研究的態度,就涉及對生命定義的意識型態與政治性問題。國家與國家間,政黨與政黨間的政策理念差別便極為明顯。雖然目前大多數的國家表面上似乎暫時維持了禁止「複製人」的共識,但是似乎較不存在倫理爭議的治療性再生與複製技術卻已廣為認可。然而實際上,

後者所誘發的政治經濟學難題並不比複製人少。某個疾病細胞線
（cell line）或胚胎幹細胞株的所有權問題，臨床應用的風險問題，
成本與價格問題，國家角色如何，乃至私人研究機構與跨國科技
公司主導發展的問題等，都將逐漸成為幹細胞醫學的焦點。在生
物科技被國家視為目標產業後，令人想問，台灣真準備好了嗎？

　　我努力閱讀正焜的新作，感覺一點點吃力。並非該書寫得不
好，而是歲月的關係。回顧學生成長時期的基礎科學，細胞與分
子生物學甫露端倪，還在 ABC 的階段，今天已經是主流的生命
科學了。我暗忖誰將會是這本書的讀者？對我而言，這是繼續教
育不可或缺的書，因為其中有著最前端的相關領域新知。還有誰
是？原本該有點狐疑的我腦海中卻立時出現一連串身份的人：矢
志於生命科學的高中生、相關科系大專學生，倫理法律的專家學
者，生科業者或股市基金分析師。也許還包括社會投資大眾，乃
至於經濟學者與國家領導人吧！

　　我突然憶起多年前的一幕，在醫院的中央走廊，偶然遇見正
焜。大約也是這個季節，那年他還是小兒科的總醫師，我問起畢
業後何去。大抵住院醫師生涯告一段落後，不是繼續在這樣的一
所教學醫院深造精進，就是選擇到另家醫學中心或綜合醫院尋求
發展。正焜卻清晰篤定地告訴我說，回中部開業，不是竹山老家
就是台中。我其實不太意外，耳聞目睹過他校園時期對戒嚴箝制
的衝撞，承擔恐怖監測的勇氣，我知道那不單止於年少英雄的輕
狂與浪漫，而是某種清楚的主張和認同。

　　我想在市街診間的日夜與晨昏裡，聽聞著焦灼母親的主訴和孩子的啼哭聲多年後，這書的寫作是林醫師長年主張和認同的延續。在時代週刊每年評選著「世界十大科技新聞」，中國不但早有「中國十大科技新聞」，還有「醫藥科技十大新聞」之後。台灣還停留在藉著隨機選擇的西方科普書籍翻譯，或依賴殘缺不全的外電報導辛苦地窺探科學發展的潮流，遑論有國人自行創作的系統性著述，這是本書最值得欽佩之處。國內主流機構內的科學工作者一向不擅於，或不屑書寫科普書籍。一方面是算不得研究成果，更無利可圖；另方面也是轉譯的艱難。有時將專業知識轉譯給普羅納稅者，並不比實驗室成果的轉譯來得容易。

　　一百多年前，在破落地區醫院工作的帝俄作家契訶夫，一面行醫，一面持續關切生物科學的發展和唯物主義運動。那是個發現細菌導致傳染病，疫苗接種可以預防羊群炭疽病，手術終於能夠消毒麻醉的年代。終極選擇作為一位鄉村醫師的契訶夫除去行醫寫作之外，其實從未停歇想像，新生的科學技術事物究竟對俄羅斯人民健康幸福的意義為何，焦慮的他偶爾也做做研究。那個年代的狂飆，一如今天基因、複製、幹細胞知識的風起雲湧，甚至猶有過之。

　　但是這個年代，幾乎沒有契訶夫了。所以真想對正焜說，乾一杯伏特加。

2006 年 6 月 26 日

（本文作者為精神科醫師）

〈增修版前言〉

幹細胞推銷員來敲門了

　　有個酸楚的笑話是這樣的：10 年前，新流感曾一度引起民眾恐慌，許多人買了抗流感病毒藥物克流感備用，造成藥物缺貨。當時報載，有民眾異想天開，轉而購買克流感的原料八角，希望這種香料也可以醫治流感。殊不知，克流感是從八角的莽草酸為起始，需經過十幾個步驟的化學反應製成，八角本身根本沒有抗流感病毒的功效。

　　正在發展的幹細胞科學也有類似情形。幹細胞的臨床應用迄今還沒有商品化的產品，也就是說，醫生還沒辦法開立幹細胞治療的處方簽。有些人卻告訴我，曾經或正打算出國去接受幹細胞治療。網上也有以醫院診所為中心的群組，交換幹細胞治療的訊息。幹細胞的推銷員來敲門了，不能不趕快建立幹細胞的基本知識，可別花了冤枉錢還損害了健康。畢竟，還沒完成的幹細胞產品不是八角，沒那麼便宜，打進體內排不出來，也不知會發生什麼變化。

　　自 1996 年，英國科學家利用乳房細胞的核加上卵子的細胞質，製造了一隻活生生、史無前例的桃莉羊，幹細胞科學就進入一個嶄新的時代。緊接著，1998 年，美國的湯姆森發現從人類胚

胎提取及培養胚胎幹細胞的方法，開展了全新的幹細胞科學，不僅讓許多從事生物科學研究的人員躍躍欲試，也引起大眾的關心。

大眾最關心的，主要是什麼時候幹細胞科學可以真正用來治療人類的疾病？只是幾十年過去了，縱使幹細胞科學依然熱門，幹細胞醫學卻才剛起步。在探索與發現幹細胞用途的過程中，科學家走了很多冤枉路、歧路、錯路、甚至死路。看來我們要用得到嶄新的幹細胞產品，至少還要再一、二十年。

在我們一邊等待的同時，也要一邊跟上腳步，密切關注幹細胞研究的進展。這有幾個理由：其一是，十幾年來，科學界對DNA、細胞、生物體、疾病這四者的關係，有了突破性的了解，關心的人不能不更新自己的知識。其二是，縱使生命科學有了極大的突破，至今還沒出現真正具有突破性的幹細胞商品。我們豈能不追求新知，反倒讓商品廣告佔領了我們整個的腦細胞？

倫理是我們要關心的問題。湯姆森製作的幹細胞，是自我更新能力最強、分化潛能最廣的胚胎幹細胞，可以說是一種最好用的幹細胞。這種幹細胞遲早可以分化成任何我們所需的成熟細胞，拿來治療疾病。但是製作胚胎幹細胞往往要破壞兩週齡以內的胚胎──人的胚胎。倫理的爭議就起源於此。深入認識幹細胞爭議的正反意見之後，我們也許會有自己的看法。先進國家的納稅人，願不願意自己繳交的稅金用於發展幹細胞科學，不只是看幹細胞有什麼用，還要看合不合乎倫理。

倫理的問題容易流於意氣之爭，科技則可以尋找解決之道。

日本科學家山中伸彌，於 2006 年發明一種導入 4 個基因誘導皮膚細胞轉變成多能幹細胞的方法，這種幹細胞也具備類似胚胎幹細胞的分化潛能。從那時起，誘導多能幹細胞幾乎全面取代了有倫理爭議的胚胎幹細胞，成為研究的主流。

誘導多能幹細胞可以在培養皿重現疾病發展的歷程，例如已經在做的，一個健康的人如何變成帕金森病人？或是利用取自病患的誘導多能幹細胞，拿來實驗室研究疾病發生的來龍去脈，並且在實驗室嘗試各種化學分子，轉譯成為臨床藥物。進行性肌肉骨化症就用這個方法找到了治療的方法。組織培養也是誘導多能幹細胞的主要研究方向，許多以往讓群醫束手的退化性疾病，利用實驗室製作的組織修補退化的部位。目前看來，誘導多能幹細胞確實大有可為。

就在誘導多能幹細胞獨領風騷成為大部分實驗室要角的時候，大家以為最主要的倫理問題解決了，2018 年竟然有人利用基因編輯技術敲除了人類受精卵的一種基因，產下了雙胞胎女嬰。受精卵是真正的全能幹細胞，只要這顆全能幹細胞的基因改變了，之後分化的細胞都會隨之改變。問題是，人類的受精卵這樣子操作，新生兒未來會發生哪些問題難以預測，倫理上也完全沒有正當性。除了幹細胞科學家，從事各行各業的我們也要關心幹細胞科學，小心小心，未來可不要出現一些被編輯壞了的人類。

幹細胞科學家都做了些什麼？正在做什麼？以後可能會做什麼？各式新聞不乏幹細胞科學新進展的報導，不過科學不是浮光

細胞種子

掠影，我們的凡眼塵軀，除非有札實的知識背景，否則難免誤解了篇幅簡短的報導。唯有清清楚楚觀察科學家的所作所為，就像科學家觀察細胞一樣清楚，才能辨明新發現的真實性和重要性，才不會被許多一廂情願的好消息或嚇人的消息沖昏頭。或許如賈寶玉說的：「酒未開樽句未裁，尋春問臘到蓬萊。不求大士瓶中露，為乞嫦娥檻外梅。」縱使我們不是探求生命秘密的核心科學家，科學的常識還是應該懂。

本書第一版於 2006 年出版，2011 年增修二版，至今又有山中伸彌領導的誘導多能幹細胞的初步轉譯成就，以及基因編輯新生兒的事件之後亟需釐清幹細胞研究的倫理。多年來幹細胞科學繼續以緩慢的腳步發展，到現在已經有一些突破性的技術問世、有一些爭議獲得新的共識、有一些可能的用途引人注意、橫衝直撞的或腳踏實地的科學家也逐漸浮現，這些改變都是百變的幹細胞正在對著我們展示的生命奧秘。期待新修第三版能提供讀者更加完整的幹細胞介紹與新知。

1 兩張毛澤東的歷史照片
——誰來修補神經

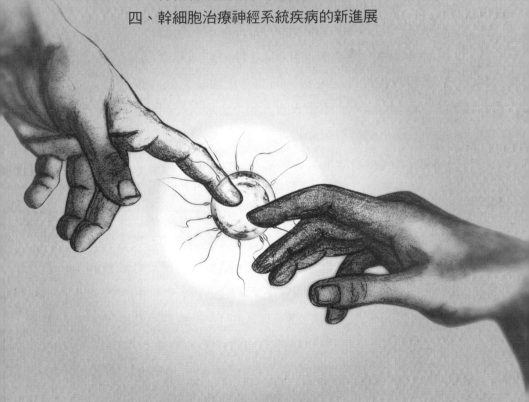

一、醫療的灰暗角落

　　1972 年 2 月 21 日。這天依舊是陰冷的天氣，北京的冬天還沒過完，空氣中也還嗅不到春天的味道。美國總統尼克森搭乘空軍一號專機，穿過凜冽的寒風，悄悄到達北京。中共黨政軍領導人已經在機場等候迎接。尼克森和穿著大紅外套的夫人走出機艙，夫人的紅外套象徵大吉大利，也是對紅色共黨的善意。帶頭站在舷梯下的周恩來顯得非常瘦弱，這時的他並沒有料到 3 個月之後醫生將宣告他罹患了癌症。

　　尼克森臉上堆滿笑意率先步出艙門，他先揮揮手，然後走下舷梯。周鼓掌歡迎，尼克森也應和著鼓掌。這一幕很特別，電視上看到的接機場面，從沒看過這麼中國式的、賓客和主人一起鼓掌的鏡頭。尼克森先伸出手來，踏上沒有鋪設紅地毯的中國土地，與眼神充滿自信的周恩來緊緊相握。

　　這個時候尼克森心裡不禁慨嘆：「一個時代結束了，另一個時代開始了。」而周也難掩心中的悸動，他說：「總統先生，你把手伸過了世界最遼闊的海洋來和我握手，25 年沒有往來了啊！」

兩個歷史時刻

　　尼克森及季辛吉等人下榻釣魚台國賓館。一行人接受周的國宴款待後，突然接獲通知，毛澤東要立刻和尼克森於中南海會面。在真正見到毛之前，尼克森不但不知道何時與毛會面，甚至這趟中國行到底能不能見到毛都仍是個疑問。毛要見誰、什麼時候見，從來不事先安排。

　　這一次會面把記者的鏡頭帶進毛的書房，讓深居簡出已久的毛再度在大眾跟前露面。

　　毛在書房接待遠來的貴客。書房靠牆的書架上擺滿了不整齊的書籍，書桌上也堆滿了翻開或未翻開的書，幾乎佔滿了桌面。毛是一個嗜讀的人。這間書房除了讀書以外，最主要的功能就是接見來賓了，所以擺著一套沙發。老舊的沙發上鋪了粗布靠背跟坐墊，看得出來書房的主人很珍惜家具。

　　許多照片記下了這一個歷史性的時刻。就一個 80 歲的老人來說，照片上的毛澤東可以稱得上是神采奕奕。

　　毛心裡頭一定很得意吧，因為這次的會面代表的是極端資本主義國家與極端共產主義國家的和解，從此全球最強的國家與人口最多的國家將開始聯手，拋棄衝突、共創機會，扮演起人類社會管理員的角色。

　　就在這次歷史性會面之前半年，1971 年 9 月，毛欽定的接班人林彪叛逃，在飛往蘇聯的途中墜機身亡。深受親信叛離打擊的

毛當時正身患重病，苦於慢性支氣管炎、肺氣腫和肺部感染的頑疾，胸口老是一口痰呼嚕呼嚕塞住氣管，非要咳得面紅耳赤才能咳出痰來。呼吸也不順暢，時常要藉助氧氣補充，才能鬆緩換氣不足的窘迫。講話更是吃力，除了貼身秘書，幾乎沒有人有辦法聽清楚他的話。

林彪事件發生後，毛非常沮喪，幾度拒絕醫療。但由於中國釋出乒乓外交的和解氣氛，加上季辛吉見首不見尾地穿針引線，頻頻在公開場合譏笑謾罵對方且互不承認對方的兩個大國，暗地裡卻正緊鑼密鼓地秘密安排歷史性的會面。會面前幾週，毛開始願意接受治療。原本臥病在床的毛治療後大有起色，開始可以在院子走動。會面前 9 天，毛發生了一點意外，打了抗生素後 20 分鐘，許多痰一起湧出，哽住了氣管，一下子就無法呼吸、休克了。等到醫療小組緊急調來抽痰機，及時抽出濃痰，加上施打強心劑，才漸漸甦醒。

季辛吉回憶，他們一行人一進入毛的書房，毛就從沙發上站起來歡迎他們，身旁有一名護理師協助他站穩。那是季辛吉第一次跟毛見面。季辛吉還記得，最後兩次面見毛的時候，毛需要兩個護理師攙扶才能站起來。在尼克森的回憶中，這次一個多小時的會面是在漫不經心、一種戲謔、玩笑的氣氛中輕鬆進行。可見與尼克森會面當時，毛的身體狀況算是恢復得非常好。

下一個歷史性場景就沒這麼愉快了。那是毛過世前 100 天的最後一次公開露面。1976 年 5 月 27 日，毛會見了巴基斯坦總理

布托。這次會見，毛沒能站起身來，只是坐著與布托會面。從照片可以清楚看出來，毛癱在沙發上、面容憔悴、表情麻木、行動不便，更嚴重的是，他的嘴巴半張、口水不斷從嘴角流出。儘管飽受病痛，毛卻不吝惜與前來朝聖的各國領袖會面。這時他已經是全世界左派的教主，謁見教主是許多國家領導人所追求、可以流傳後世的偉大事蹟。讀者不妨上網比較 1972 年 2 月 21 日毛與尼克森和 1976 年 5 月 27 日毛與布托的新聞照片。

　　毛的身體明顯變差是兩年前的事了。除了原本呼吸系統的問題，白內障讓視力減退，剝奪了他大量閱讀的嗜好以外，毛說話越來越不清楚、舌頭似乎不輪轉、嘴巴經常半張著，兩手兩腿（特別是右側）更加無力，手掌和小腿的肌肉明顯萎縮。不知道毛和尼克森初見面那時候是不是已經發病了？那次會面前 9 天的休克，是因為痰堵住氣管引起的，還是那時毛已經有吞嚥困難的初期症狀？許多疾病初期很難診斷，像毛罹患的肌萎縮側索硬化症就不容易早期發現。

　　肌萎縮側索硬化症是一種運動神經疾病：不知道什麼原因，運動神經開始退化，神經支配的肌肉漸漸無法動作。若是手腳的運動神經壞了，手腳會漸漸癱瘓；口腔周圍的運動神經壞了，會吞嚥困難、說話不清楚；這些正是毛澤東晚年的症狀。隨著疾病繼續進行，侵犯呼吸動作的神經，就要呼吸器幫忙。這種病只侵犯運動神經，不會侵犯大腦皮質，因此智力及人格不會改變，算是不幸中的大幸。

 細胞種子

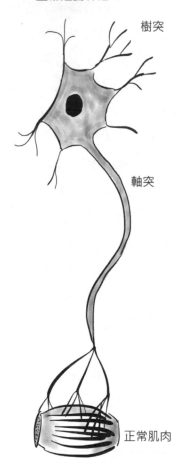

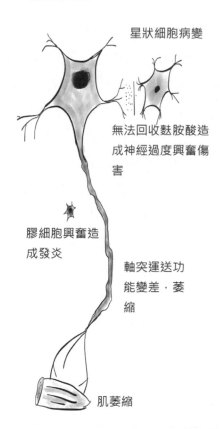

正常運動神經

樹突

軸突

正常肌肉

肌萎縮側索硬化症
的運動神經

星狀細胞病變

無法回收麩胺酸造
成神經過度興奮傷
害

膠細胞興奮造
成發炎

軸突運送功
能變差，萎
縮

肌萎縮

圖 1-1 肌萎縮側索硬化症是因為運動神經元退化，所支配的肌肉隨之萎縮，病
　　　患因而逐漸癱瘓。由於致病原因很多樣，目前沒有針對病因發展出特別
　　　有效的治療方法。但是病患症狀日漸嚴重，壽命縮短，因而不少研究人
　　　員以這個病當做幹細胞療法的目標。

　　毛人生的最後兩年是依賴管子度過的，包括餵食的鼻胃管和不時需要的氣管插管。可以想見，毛身上支配吞嚥、講話，以及手腳的運動神經系統大概都損壞了。

肌萎縮側索硬化症造成漸凍人

　　運動神經系統主要包括：
● 上運動神經元
● 下運動神經元
● 錐體外系統（協調中心）
● 小腦系統（平衡中心）

　　這些運動神經協同作用的結果，讓我們可以隨意運動。我們有動作的意志時，大腦的上運動神經元發出動作的信號。這個信號透過一條像電纜線的軸突傳給位在腦幹或脊髓的下運動神經元，由下運動神經元接手伸出一條軸突支配肌肉。肌肉收縮，就產生動作（圖 1-2）。不管是上運動神經元或下運動神經元受損，都會造成肌肉無力、萎縮，也就是癱瘓。錐體外系統和小腦的作用是維持正常的肌肉張力、協調與平衡。例如帕金森症就是大腦內錐體外系統的黑質退化，製造多巴胺的細胞壞掉了，造成肌肉張力太強而變得僵硬。加上兩條作用相反的肌肉互相角力，就會不斷顫抖，構成典型的帕金森症狀。

　　肌萎縮側索硬化症中的「肌萎縮」是這個疾病的外顯症狀，「側索」指的是神經元在脊髓內的位置。一般而言，感覺神經行

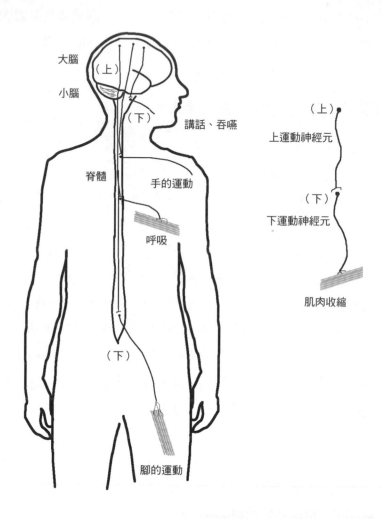

大腦

小腦

（上）

（下）

講話、吞嚥

脊髓

手的運動

呼吸

（下）

腳的運動

（上）

上運動神經元

（下）

下運動神經元

肌肉收縮

圖 1-2 構成運動神經系統的上運動神經元和下運動神經元，它們的線路在脊髓的
側索傳輸運動的指令。任何原因造成這個線路的傳導受阻，都會讓運動的
意志無法透過肌肉來表現。要如何修復故障的運動意志傳導途徑是許多科
學家想要解決的難題。

走在脊髓背面，運動神經則在脊髓側面。退化的神經元會變成硬化的組織，因此讀起來十分拗口的「肌萎縮側索硬化症」就是指運動神經退化，是「漸凍人症」最主要的一種類型，特徵是肌肉逐漸萎縮和無力，身體就像逐漸凍住一樣。生病初期可能只是手部肌肉無力、抽搐、容易疲勞，之後肌肉開始逐漸萎縮乃至癱瘓，說話及吞嚥都很費勁，呼吸功能減退，終至呼吸衰竭而死。

迄今為止，運動神經元疾病仍然沒有有效的治療方法。

在神經系統中，軸突是一種很特別的構造，是細胞的一部分，而細胞又是那麼小的構造，一個神經細胞的軸突卻可以長達一公尺。神經細胞沒有比身體其他細胞大，要讓這麼長的構造維持健康與供給營養就要靠周圍的細胞幫忙。越來越多的證據顯示：肌萎縮側索硬化症的病因，主要在於支持神經系統的星狀細胞，而不是神經細胞本身。

軸突除了傳遞信息以外，還要負責傳送許多分子回到神經元，包括信息分子和營養素。軸突內有微管的構造，還有一些運送物質的機器，功能就像高速公路和貨櫃車一樣。微管跟運送的機器是由蛋白質組成，這些蛋白質如果出現任何問題，排列得亂七八糟、塞住公路，就會造成神經退化。

大多數的肌萎縮側索硬化症沒有遺傳傾向，有家族史的病例不到一成。在有家族史的病例中，大約 20% 有一種基因變異——位於 21 號染色體的超氧化物歧化酶基因，基因產物是一種強力的抗氧化劑。科學家轉移突變的基因到老鼠身上，老鼠也會罹患

類似的病症，可知這是一種新增破壞功能的基因突變。科學家另外還發現幾種與運動神經退化有關的基因突變，但沒有一種是肌萎縮側索硬化症病人所共有。也就是說，目前沒有辦法利用基因篩檢，提早發現這種病症。

根據美國的統計，每年每 10 萬人中有 2 人罹患肌萎縮側索硬化症，按照這個比例，台灣每年將增加四、五百位肌萎縮側索硬化症病人。很可能沒那麼多，因為白人罹患率比較高：據美國統計，所有病例中白人約占九成以上，超過人口中白人的比例。此外，日本統計全國約有 5000 人為此症所苦，日本人口數是台灣的 5 倍多，這樣算來，台灣也許有 1000 人左右正在與這個疾病搏鬥。

一般而言，發病年齡大多在 40 歲到 70 歲之間；如果侵犯到吞嚥或呼吸的神經，也許只能再活兩年。但是例外情形很多，有位著名的數學兼物理學家，21 歲就發病，終其一生為研究工作忙碌，直到 76 歲過世。

銳力得，一種麩胺酸拮抗劑，可以讓運動神經退化速度減慢。麩胺酸是促使神經元維持衝動狀態的神經傳導素。經常維持衝動的神經元，就像長時間使用的電器一樣，容易壞掉。拮抗麩胺酸的藥物可以關閉神經衝動，維護神經元。長期服用這種藥物可以讓病程延緩幾個月，但是無法治癒病症。

超人李維

癱瘓的原因有很多種。毛澤東罹患的肌萎縮側索硬化症算是罕見的原因，中風、脊髓損傷造成的癱瘓則比較常見。人如果不能方便行動會活得非常痛苦，就像某本書的插圖所描繪的：被禁錮於雅典神廟旁水族箱裡的一條金魚，只能遙望著蔚藍的愛琴海。不幸癱瘓後獲得徹底的治療，讓病體完全康復，一直是許多人的夢想。在這條追求徹底治療的道路上，李維是最著名的人物。

李維是電影《超人》的主角，在螢幕上扮演一位充滿正義感、健壯、行動迅速、能任意飛翔的角色。不幸的是，老天爺給現實生活中的李維開了一個大玩笑。1995 年，43 歲的李維參加馬術比賽，從一匹名叫「東方特快車」的馬背上摔下來，第一和第二頸椎斷裂，頸部以下的脊髓神經與頭腦之間失去聯繫，從此四肢癱瘓（圖 1-3）。

李維癱瘓以後，愛妻黛娜不離不棄，鼓勵他在輪椅上繼續演藝事業。這時期的李維還曾經擔任導演及製作人，並且熱心公益。夫婦於 1999 年合作成立「克里斯多福李維基金會」，是一個非營利性質的全國性組織，支持治療癱瘓的研究。基金會中還設有「克里斯多福與黛娜李維癱瘓資源中心」，大量收集關於癱瘓的資訊，為病患提供專業服務。至今，該基金會贊助的研究經費已超過 6 千萬美元。

李維是最著名的幹細胞移植候選人，出錢出力遊說國會贊助

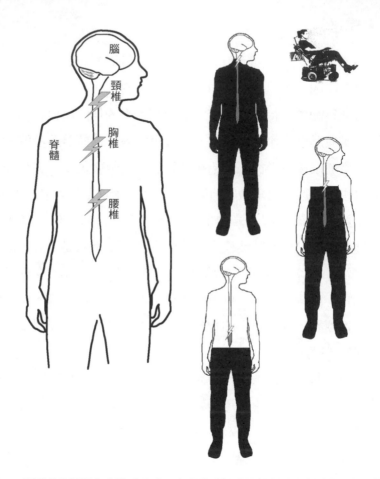

圖 1-3 嚴重的脊髓損傷會造成癱瘓。上運動神經元是從大腦伸出軸突,在腦幹或
　　　 脊髓接駁到下運動神經元,再控制肌肉收縮產生動作。脊髓越高的部位損
　　　 傷,運動能力受影響的範圍越大。頸椎高部受傷會造成四肢癱瘓,甚至呼
　　　 吸的能力都喪失了,超人李維是典型的代表。胸椎損傷造成下肢癱瘓,胸
　　　 椎低部損傷則還能保有坐姿平衡。腰椎以下斷裂影響到小腿、臀部的肌
　　　 肉。脊髓損傷治療效果有限,因為斷裂的中樞神經沒有復原的能力。訴諸
　　　 幹細胞療法,期待幹細胞讓神經恢復傳導功能,是努力的目標。

幹細胞研究工作。2004 年美國總統大選，當時許多科學家聯名反對布希以倫理為由阻擋幹細胞研究預算，傾向支持贊成幹細胞研究的凱瑞陣營。選前不久，李維不幸病逝。遺孀黛娜不改其志，站上選舉台幫助挑戰者凱瑞。然而集真善美於一身的黛娜竟也逃不過命運的捉弄，2006 年春，年僅 44 歲便因肺癌撒手人寰，令人惋惜。

獲得良好的醫療，讓病體完全康復，一直是許多癱瘓病人的夢想。但以現在的醫學水準，讓癱瘓的人完全復原根本辦不到。一個人如果不幸遭遇如同毛澤東所罹患的肌萎縮側索硬化症，或是李維的脊髓斷裂，大概就要終身與輪椅為伍了。因此一定要找到新的辦法。

帕金森症

接著再看一種神經元退化所造成的疾病：帕金森症。帕金森症是一種不太會影響壽命、但是會讓生活品質低落的疾病。前任梵蒂岡教宗若望保祿二世，晚年就飽受此病摧殘，所以常常看到他躬著僵硬的身子、抖著手接見信徒的畫面。目前全球約有 6 百萬人罹患帕金森症，台灣約 6 萬人。患者多見於 60 歲上下的人，這個年齡層大約每 100 人有 1 人罹患帕金森症。

帕金森症的基本症狀是顫抖、僵硬、動作緩慢、平衡失調。發病初期手常會顫抖、動作變慢、同一行字會愈寫愈小、撲克臉、語音單調；身體微駝、逐漸出現藥效「開關」現象——前一

分鐘還可以活蹦亂跳，但下一分鐘，腦內多巴胺的濃度頓時降低，全身又動彈不得了。病情發展到末期時，需要依靠枴杖或輪椅行動、說話跟吞嚥都很困難、日常起居要旁人照料。

中山大學化學系教授李良修在《走過帕金森幽谷》一書中寫道他如何回答女兒這個每個人都會問到的問題：

「什麼是帕金森症？」
「就是一個會讓你不能動的病，以後爸爸和妳玩一二三木頭人時，一定不會輸。」

除了一些特殊因素（例如抗精神病藥物、一氧化碳或錳中毒、腦炎、農藥等）造成的帕金森症狀，大部分病人在發病時都無法確認致病原因，只知道病變發生在大腦深部叫做基底核的地方。這裡是動作指令的協調中心，多數病患主要的病變發生於基底核的黑質，它含有製造神經傳導物質多巴胺的神經細胞。若黑質製造多巴胺的細胞退化，無法製造足夠的多巴胺，藉多巴胺路徑傳遞的動作協調信息無法發揮正常功能，就會出現帕金森症（圖 1-4）。

近年來，對帕金森症形成的原因，已經有更深入的了解。多巴胺神經細胞退化的時候，在細胞內可以發現一種蛋白質的殘渣——路易體，可能就是這種殘渣毒死細胞。1997 年，科學家從一個帕金森症家族的研究發現 4 號染色體的突觸核蛋白基因發生

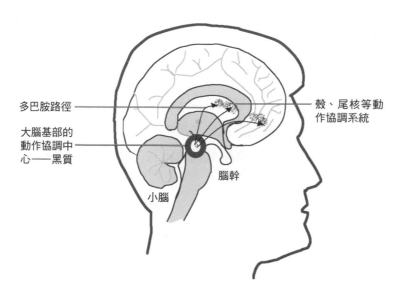

圖 1-4 帕金森症最主要的病變就在黑質這個部位。如果這裡面製造多巴胺的特化
神經細胞退化了，會使動作不協調，肌肉張力增加，因而出現帕金森症典
型症狀：顫抖、肌肉僵直、動作緩慢、平衡失調等。目前藥物有不錯的療
效，不過在治療 5 到 10 年後藥效就不佳了。深部腦刺激術效果也不錯，
但是無法改善平衡及認知的症狀。因此帕金森症也是幹細胞療法初期瞄準
的目標。

突變。突變的基因製造出來的蛋白無法正常摺疊，於是無法正常
代謝，堆積在黑質的多巴胺神經細胞內，就是路易體的成因。後
來的研究更發現，好幾個與這個蛋白的折疊和代謝有關的基因突
變，都會造成帕金森症。

　　治療帕金森症最主要的方法是服用左多巴，左多巴透過黑質
內尚存的神經元代謝成多巴胺，可以緩和病情。但缺點是使用 5

到 10 年之後，黑質內的多巴胺細胞幾乎已經死光，開關現象變得很明顯，之後藥效可能變得很差。近年利用深部腦刺激術在病人腦中植入一個細小的導線，通過這條導線輸送高頻電流以控制症狀，效果不錯；缺點是價錢昂貴（台幣 80 萬元以上）、無法中止疾病惡化、也無法減輕認知與平衡的問題。國人一位著名的原住民音樂家，就是在接受深部腦刺激術後又重新躍上音樂舞台，令人印象深刻。

二、誰來修補神經？

　　新生嬰兒的腦容量約 350 毫升，出生後神經細胞繼續分裂增生，漸漸長大的腦在 4 年後達到等同成人的 1400 毫升。腦是人體解釋、處理外來信息以及控制所有動作的中央處理器，脊髓則是腦與軀幹之間傳輸信息的幹道。

神經系統的幾個要角

　　大腦裡除了神經元，另外還有更多的膠細胞，其中主要的兩種膠細胞是寡突細胞和星狀細胞。寡突細胞負責製造髓鞘包覆軸突；星狀細胞一方面可以分解及移除毀損的神經元碎片，移除後形成疤痕，一方面還能製造神經營養素，維持神經細胞的生存與生長。僅見於嗅球的嗅鞘細胞也是一種膠細胞。

　　皮膚受傷，不久就會長出新的皮膚；神經元一旦被切斷，卻不容易長出新的神經元來修復斷裂的部位。而且神經就像信號線，唯有重新連線才是真正修復。

　　要修復神經線路，得動用好幾種細胞，不是神經元獨力可

以完成。除了神經元和負責營養的星狀細胞,還要許旺細胞或寡突細胞幫忙做包覆的工作,才會形成有用的線路。神經元透過軸突,把指令傳送出去。中樞神經則和周邊神經有個不同點,周邊神經受損會重新長出軸突的芽,成熟的中樞神經系統(腦脊髓)不容易再生新的軸突。

周邊神經受損時,許旺細胞會像包紮繃帶一樣裹住軸突,之後神經軸突一邊增長一邊髓鞘化。許旺細胞的功能包括促進軸突生長以及合成髓鞘包覆軸突。腦脊髓沒有許旺細胞,因此有許多試驗嘗試移植許旺細胞給受損的脊髓,看看是不是可以讓神經再生,結果成效不彰。

腦脊髓的軸突由另一種細胞——寡突細胞——負責髓鞘化。寡突細胞像章魚一樣,可以伸出好幾隻觸手纏繞好幾根軸突,形成髓鞘絕緣層,讓神經電波可以快速傳導不會消散。但是寡突細胞就像只蓋新房子不修舊房子的建築工人,它只在發育成熟的過程中發揮功能,對受傷的神經則沒有修補作用。

髓鞘是一種由脂肪和蛋白質構成的物質,它包覆著神經軸突,就像塑膠絕緣層包覆著家用電線一樣。髓鞘除了當作絕緣層,讓神經電波不要發生短路,還可以讓神經傳導速度變得很快。髓鞘化的軸突傳遞神經電波的速度可達每秒 100 公尺,如果沒有髓鞘化,傳輸速度只有每秒 1 公尺。嬰幼兒反應慢,一部分原因就是髓鞘化還沒完成。

嗅鞘細胞讓人寄予厚望

即使神經元成熟後就不容易生長，不過也有例外：嗅覺神經。嗅覺細胞是與環境接觸的第一道神經細胞，屬於周邊神經，從鼻黏膜聯結到緊鄰的嗅球。嗅球是胚胎形成大腦時最原始的部分，裡面有第二道神經細胞，屬於中樞神經。外來的氣味分子經過嗅覺分類以後，由嗅球的嗅神經傳送信息到大腦深處，氣味代表的意義在這裡處理。比如臭味可能用來標示佔領，侵入這個領域會有生命危險，所以一般人會喜歡香的，遠離臭的。我們每天聞著萬物的氣味，氣味其實是一種化學分子。對嗅覺細胞而言，有些氣味分子可能是一種毒素。經常暴露於毒素的嗅覺細胞，包括第一道和第二道細胞，容易死亡，必須不斷再生。它們是成熟的神經系統中，極少數會不斷更新的神經細胞。

加拿大的杜歇在嗅覺神經集結的嗅球中，發現一種與許旺和寡突細胞不同，且具備修復功能的新細胞。新細胞也是一種膠細胞，亦即支援神經元的細胞，會製造「細胞附著分子」誘導軸突生長。杜歇分離出這個新細胞，讓這些細胞在細胞培養基裡面增殖。透過顯微鏡觀察，可以看到它們會包圍在裸露的嗅覺神經元軸突周圍，就像劍鞘包著劍一樣，因此命名為嗅鞘細胞（圖 1-5）。

嗅鞘細胞可能是嗅覺細胞能不斷再生的因素。在嗅鞘細胞的協助下，嗅覺細胞會長出新軸突，軸突伸展到嗅球內銜接下一個神經元，這個神經元再銜接到大腦內部。嗅鞘細胞與之前所知製

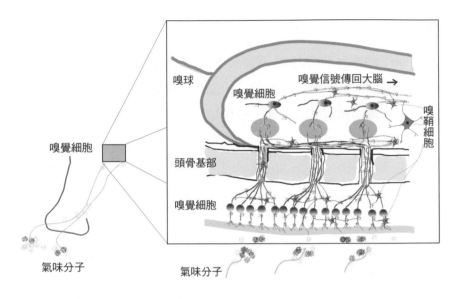

嗅球

嗅覺細胞

嗅覺信號傳回大腦 →

嗅鞘細胞

嗅覺細胞

頭骨基部

嗅覺細胞

氣味分子

氣味分子

圖 1-5 中樞神經的神經元或軸突的髓鞘毀損就不能修補了,因為中樞神經沒有修復髓鞘的細胞。嗅球是個例外,嗅球有一種嗅鞘細胞,它可以修復毀損的嗅覺細胞或軸突。因此神經外科醫師乃利用嗅鞘細胞修補脊髓損傷或肌萎縮側索硬化症等中樞神經疾病。

造髓鞘的細胞不同:它比較容易培養增殖,可以在中樞神經和周圍神經交界處遊走,又會修復中樞神經的軸突,是不計較的好工人。

由於許旺細胞和寡突細胞都無法修復中樞神經,如果有一種細胞可以促進神經元再生或軸突生長,不就可以用來治療神經損傷或髓鞘壞掉的神經退化症了嗎?於是有人用成鼠做實驗,切斷脊髓後,局部注射包含許旺細胞、嗅鞘細胞以及神經生長素在內的混合液,結果發現被切斷的神經會重新生長聯結起來。

　　有個實驗利用電燒切斷成鼠部分脊髓，讓成鼠剩下一隻前肢可以隨意使用。這些成鼠原本就會利用兩隻前肢撥飼料來吃，剩下一隻前肢還是可以做這個動作。然後在切斷的部位注射嗅鞘細胞、許旺細胞和神經生長素混合液。10 天之後，脊髓神經軸突長出來了。2 到 3 個月後，7 隻成鼠裡面有 4 隻恢復了用兩隻前肢撥飼料吃的能力。表示脊髓的神經軸突可以重建，而且修復工程的距離可以很長。

　　台灣也有這方面的研究，研究中嗅鞘細胞的來源是鼻瘜肉切除手術取下的組織，從細胞標記可以確認其中含有嗅鞘細胞。培養這些嗅鞘細胞之後，移植給切斷胸椎的成鼠，後肢功能有明顯的進步。

　　嗅鞘細胞移植可以治療人類的疾病嗎？有許多實驗室都在嘗試這種治療，里斯本、布里斯班等地有利用病患自己的嗅鞘細胞進行治療的人體實驗，但是效果還沒確立。

　　近幾年有一則令人注目的消息：中國北京首都醫科大學朝陽醫院的神經外科醫師黃紅雲，以取自人工流產胚胎嗅神經球的嗅鞘細胞移植給神經受損病人，有驚人的療效。黃曾於美國跟隨名師學習治療脊髓傷害，這位名師就是全球脊髓治療權威楊詠威，他致力於協助脊髓傷患恢復身心能力，有「神經建築師」之譽。睿智的楊詠威（英文名 Wise Young）生於香港，從美國史丹佛大學畢業後，開始學習神經外科。在一次行醫時，遇到一名頸部以下全身癱瘓的 17 歲青年，他當時絕望的眼神，燃起了楊為這類

病人尋求一線希望的決心。2001 年，楊榮獲《時代》雜誌評選為「美國 18 位最佳科學家及醫生」之一，入選者當中有兩位華人，另一位是治療愛滋病的專家何大一。

以往醫界認為脊髓一旦受傷，失去的功能一輩子都不可能恢復。但楊於 1990 年發現脊髓損傷的有效療法——在急性期注射類固醇保存受傷的脊髓。現在這種作法已經成為脊髓受傷初期的標準療法。他發現，脊髓在受傷後會產生漸進式損害：腫大發炎、妨礙血行，使已經受損的組織更加惡化；如果在脊髓受傷 8 小時內給予高劑量的類固醇，則能夠保全約 20% 的神經功能——足以讓受傷的人保有自行呼吸的能力，不必依靠呼吸器；或者保持行走能力，不必終生依賴輪椅。

黃紅云在楊身邊學習，幾年後回到北京，開始幫脊髓損傷病患動手術，初步成果刊載於 2003 年 10 月的《中華醫學雜誌》（北京出版）。他整理了 171 名患者的治療成果，病患受傷時間至少半年以上，有些甚至長達 18 年。受損部位透過核磁共振檢查，確定沒有裂縫的患者才採用這個方法治療。治療時先動手術讓損傷部位暴露出來，再於脊髓斷裂處兩端各注入約 50 萬個嗅鞘細胞。嗅鞘細胞取自懷胎四個月流產胎兒的嗅球，先費時兩週培養繁殖細胞，這是黃在美國學到的技術，培養液內的細胞約 90% 是嗅鞘細胞。手術後，患者明顯有一點進步，可惜黃沒有針對進步的情形提供客觀的數據，也沒有提到長期的效果，或者是否有不好的結果。另外，研究中也沒有一群接受一樣的手術但是沒有注

射嗅鞘細胞的病人當作對照組，也沒有其他神經科醫師評估術前術後的神經功能，術後評估除了短期術後也要包括長期術後療效（一年或二年後），這樣才會有說服力。

根據 2005 年 10 月 6 日《自然》期刊報導，黃已經治療了約 400 名脊髓損傷和 100 名肌萎縮側索硬化症患者，接著還有 3 千個中國人和 1 千個外國人等候治療。治療費用每次約 2 萬美元。部分接受治療的病人聲稱病情改善：有些人手開始可以動，手指也有了知覺；有些人則稱大便失禁和呼吸情況有了改善。一位著名的德國藝術家在接受手術後先是覺得能動了，但是過了一陣子又說沒什麼效果。這些都是因缺乏客觀的評估，又沒有長期效果的例子，病人認為的進步只能屬於主觀的進步。

嚴守科學方法的使命

黃的成就引發科學界重視與爭論，爭論重點最主要在於他的方法與治療效果不夠科學，沒有對照組、療效評估沒有量化、不曾在一流期刊發表，是一種不成熟的人體試驗。黃則稱他試投過的一些期刊拒絕刊載，這是他們的損失。此外，黃還表示科學界已經有太多的老鼠實驗了，是給人用看看的時候了。再者，關於對照組，給癱瘓的人移植假的東西做對照組，這種事他做不來！黃稱他投稿遭拒是純粹的歧視，是「對一項由中國人研發出來的新方法的抗拒」。黃也打算改進一些手術的程序，包括列入組織型配對的前期工作在內，以前沒做組織型配對，讓他著實被一些

人狠狠的批評了一頓。

從患者排隊等待治療的表象看來，嗅鞘細胞移植似乎是有效的方法。但是，幾乎所有的科學家都對手術的效果深表存疑。倘若這真的是有效的療法，不知道可以讓多少人高興得跳起來。在沒有符合科學方法認定的表象下，真實的效果到底如何，實在是很迫切、很重要的問題。如果經過科學檢驗，證實確實有效，則不但發展技術的人實至名歸，更多患者也會因而受惠。如果經不起科學方法的檢驗，表示整個手術方法展現的表象只是一種假象，則不應該讓許多患者心存錯誤的期待，那將會是一種再度傷害。而且不成熟的科學率爾拿來使用在人的身上，假使因為細節未盡周延導致效果不彰，甚至出現可怕的副作用，產生的負面影響反而會阻撓科學進展。

英國一個研究團隊從 2005 年開始，進行了一項嗅鞘細胞移植治療神經系統疾病的人體試驗計畫，以 1 年 10 個案例為目標，期望完全依照科學方法的嚴格要求，確實探討嗅鞘細胞移植的真實成效及其可能產生的副作用。類似這樣預先計畫的試驗，是要證實一種新的療法有效、同時所帶來的副作用或併發症都在可接受的範圍之內必經的驗證。至今嗅鞘細胞移植的功效仍然令人存疑，雖然有些報告看來似乎有效，可是更多的是沒有效果。2018年有研究者提出，結果出現差異最主要的原因是，移植用的細胞純化的程度不一樣，有的研究用比較純的嗅鞘細胞，有的研究用的移植物還參雜鼻腔的其他細胞。

三、神經幹細胞可以修復神經系統嗎？

神經系統的疾病不只是軸突或髓鞘的問題，更常是中樞神經一部分神經元死亡造成的問題。例如中風、老年失智、帕金森症，或是一些先天代謝異常讓神經元死亡，都會造成嚴重的後果。長久以來，神經學的觀念一向以為人類的中樞神經元在腦成熟後就不會再生了。因此腦如果受到損傷，膠細胞會填補損傷部位，但是神經元已經無法新生，而留下感覺、運動、語言或是思考等中樞神經能力的損失。

尋找治療神經疾病的新方法

幾十年來，科學家一直嘗試著找出方法，以維修腦這個功能強大、有許多零件、有更多更多複雜聯結的器官。維修的策略不外乎前面所說的修復毀損的神經線路、補充欠缺的神經傳導物質，或是進一步希望能夠更新損壞的零件。但是現存的方法顯然不夠用。自從幹細胞科學發達以來，已經有許多嘗試，希望從神經幹細胞找到可能解決神經系統問題的方法。

　　我們現在有幾個麻煩橫在眼前了：肌萎縮側索硬化——雖然醫生可能會開藥給病患服用，但藥物除了延緩病情 3 至 6 個月，並無其他特殊有效療效；脊髓損傷——目前只有支持性療法，沒有其他特殊有效的治療；帕金森症——有很多治療的方法，藥物效果一開始很好，但藥效會逐漸隨著疾病的進行減退，利用電位深部刺激腦部，在改善運動症狀方面的效果很好，但是沒辦法阻止病變進行，智能及平衡還是持續退化。

　　除此之外，中風、老年失智這些常見的神經系統疾病，也需要治療的方法。歷來治療疾病的手段大約離不開幾個範疇：投予生化分子，也就是藥物、本草、酵母、益生菌等，以補充缺乏的物質、消滅入侵的微生物、激發體內的工匠奮起修補毀損的零件；或者藉助物理力，也就是物理治療、放射線、電擊、針灸、能量、波、氣、內功等，以挑戰體內的修補系統和免疫系統，期望增強它們對疾病回應的強度；或者採取手術治療，切除病源。

　　人類幾千年的智慧，確實經常讓醫學在適當的時機一下子往前躍進一大步，抗生素的誕生就是最明顯的例子。19 世紀機械文明讓地球發揮最大的養育功能，食物產量一下子突破前所未有的紀錄，人口也急遽增加。大量人口聚居的結果讓致病微生物找到大展身手的舞台，各種疾病紛紛出籠，例如肺結核、梅毒、肺炎、霍亂、痢疾等等，這些專有名詞一下子變成大眾熟知的日常用語。19 世紀後半葉，柯霍發現肺結核病原菌的時候，整個歐洲有 80% 的人罹患結核病。20 世紀前期，結核病佔所有台灣人死

亡原因的六分之一。第一次世界大戰中,許多傷兵就是因為傷口感染病菌、腐敗流膿,最終死於敗血性休克。若非抗生素即時出現,今日全世界的人口數一定非常不一樣,也許連五分之一都不到。如今傳染病的老問題大部分是解決了,但是新的問題方興未艾,包括新興傳染病以及抗生素抗藥菌種的崛起。

這一百年來,拜抗生素及營養普及之賜,人類的壽命普遍延長許多。20 世紀初,人類平均壽命還不到 50 歲,到了 21 世紀,人類壽命已經達到 75 歲,經過一個世紀增加了 50% 以上。隨著壽命延長,加上生活型態改變,疾病的型態也跟著改變了。新的疾病型態包括老人病、癌症、退化性疾病、交通工具造成的神經損傷等,這些都不是緩慢、營養欠缺、不長壽的時代下人類所曾面臨的問題。這些疾病,可以說是醫療的灰暗角落。

長久以來治療疾病的手段,真的已經不夠用了。

神經幹細胞

科學家得另闢蹊徑,尋找治療神經退化或是神經損傷的新方法。尤其這些疾病都是神經元的損傷或毀壞造成的,就像電子產品的元件故障或損壞,最直接有效的辦法,就是換一個跟新的一樣好的元件。早在 1665 年,虎克就在自製顯微鏡下觀察到生物體的「細胞」;1838 年,許萊登和許旺提出「細胞理論」,指出所有的生命體都是由一個或多個細胞所組成;細胞來自先前存在的細胞,因此所有細胞都是由一個細胞分裂衍生而來;以及細胞是

生物體構造及功能的最小單位。細胞就是構築人體的基礎元件。

　　人體大約由 100 兆個細胞構成，這些細胞可以分為 200 多個種類。而這許許多多的細胞事實上都是從一個細胞複製、分化來的，這個細胞就是受精卵。受精卵是全能的細胞，它會增殖、分化成胚胎以及滋養胚胎的細胞。受精卵開始分裂初期的幾個細胞（卵裂球），每一個都具有分化成完整胚胎及滋養層的能力，這幾個細胞叫做全能幹細胞。繼續分化會形成兩群，有的往滋養細胞的方向走，有的往胚胎的方向走。往胚胎的方向發展的細胞，屬於多能性幹細胞（Pluripotent stem cell），就像大樹的主幹一樣，未來會分枝、繁衍成一整棵大樹的所有枝枝葉葉。胚胎繼續分化，開始分化出多潛能幹細胞（Multipotent stem cell），以及更進一步的單能幹細胞，例如造血系統的幹細胞、神經系統的幹細胞。這些幹細胞會製造出某一種細胞的祖細胞，例如紅血球的祖細胞、淋巴球的祖細胞等等。祖細胞只能再分裂幾次，之後就會形成特定的成熟細胞了（圖 1-6）。

　　也就是說，新生的細胞來自幹細胞。科學家期望交付新的神經元或新的神經膠細胞讓醫生治療病患，所以要想辦法從流產胚胎的神經系統分離出神經細胞來，或是利用幹細胞可以長期自我更新的特性，在實驗室培養神經幹細胞。神經幹細胞是神經系統中一直保持著分裂和分化的細胞。

　　20 世紀末，研究神經生物學的科學家們在實驗動物的中樞神經發現了神經幹細胞。透過顯微鏡觀察，神經幹細胞大多呈梭

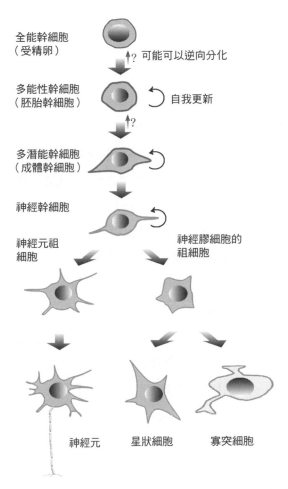

全能幹細胞
（受精卵）

可能可以逆向分化

多能性幹細胞
（胚胎幹細胞）

自我更新

多潛能幹細胞
（成體幹細胞）

神經幹細胞

神經元祖
細胞

神經膠細胞的
祖細胞

神經元　　星狀細胞　　寡突細胞

圖 1-6 中樞神經細胞分裂及分化策略。從全能幹細胞到多潛能幹細胞都有自我更
　　　新的能力，也就是一個幹細胞可以不對等分裂為一個特性相同的幹細胞和
　　　一個比較成熟的細胞。到了祖細胞的階段，自我更新的能力就很有限了：
　　　經過幾次分裂以後，就形成不再分裂的成熟細胞。到底細胞有沒有逆向分
　　　化的能力不是很確定，只有少數的實驗觀察到這個現象。實驗室有時候會
　　　看到轉分化的現象，例如骨髓或臍帶血的間葉基質細胞乎會轉分化為神經
　　　細胞。

形，兩頭有較長的突起。這種細胞可以自我更新、複製，也可以分化成中樞神經的幾種主要細胞：包括神經元、星狀細胞和寡突細胞。目前執教於美國佛羅里達大學的雷諾，1992年從小鼠的腦分離出神經幹細胞，破除長達一世紀的「中樞神經不會再生」的教條，開啟神經幹細胞研究的熱潮。

到目前為止，從成體（已經分化的個體）發現到神經幹細胞的部位，大概都是在大腦基底的海馬回、紋狀體、嗅球，以及腦室系統周圍，可以見到幹細胞雜處於一些室管膜細胞和星狀細胞之間。這些幹細胞可能來自它們定居的腦室周圍，再慢慢移行到海馬回（記憶中樞）和嗅球，以補充新的記憶體或補充被化學物質破壞的損失。我們可以不斷學習新的知識，原因可能就是腦裡的海馬回會不斷補充新的記憶元件。

從3至4個月齡引產的人類胚胎或14到16天的鼠胚腦組織中取得的細胞，培養於特殊的細胞培養基，大約一個禮拜以後，細胞會長滿瓶底。用刮刀分離細胞株，其中的神經幹細胞在懸浮液中會形成「神經球」——這是體外培養的神經幹細胞的特徵（圖1-7）。

現今的技術除了可以從早期胚胎取得多能性幹細胞，讓它分化成神經幹細胞，或從胚胎的中樞神經系統取得神經幹細胞之外，也可以透過內視鏡手術從成人腦室下或海馬回取得神經幹細胞，或從神經系統以外（例如骨髓、臍帶血）取得幹細胞，再讓它轉分化成神經系統的細胞（圖1-8）。

胚胎幹細胞或是從
胚腦取來的細胞，
分離後培養

一部分長成神經球，
這裡面有神經幹細胞

分離神經球的細胞再
次培養，目的是篩選
出神經幹細胞

其中一部分細胞又形成神經
球，如此反覆至少五回，最
後可以繁殖出神經幹細胞株

把神經幹細胞培養在分化的環境中

神經元

（血管）

寡突細胞

（軸突）

星狀細胞

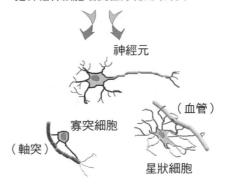

圖 1-7 取胚胎幹細胞或成體腦組織培養於適當的條件下，讓神經幹細胞長成神經
球，這時候其他組織的祖細胞也可以生存。取培養出來的神經球打散，再
培養，這樣進行幾回以後，就可以得到神經幹細胞株。把神經幹細胞株培
養在分化的環境下，神經幹細胞會增殖、分化為傳導神經衝動或製造神經
傳導物質的神經元、排除壞死組織及供給營養給神經元的星狀細胞，以及
形成軸突髓鞘的寡突細胞。

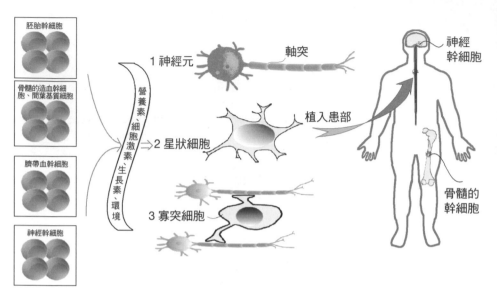

圖 1-8 腦脊髓是由 1 千億個神經元構成的信息線路。除了神經元以外，還有負
　　　責清運壞死細胞兼補充神經營養素的星狀細胞，和負責生產髓鞘包覆神經
　　　線路的寡突細胞。要修復神經退化或神經損傷的疾病，就要藉助構成中樞
　　　神經這三種細胞。科學家希望能夠從幹細胞製造這些細胞以供醫生治療之
　　　用。現在所知的幹細胞來源有病患本人或是他人的胚胎幹細胞、骨髓的幹
　　　細胞、臍帶血幹細胞，以及神經幹細胞等。取得幹細胞之後在實驗室提供
　　　適當的環境、營養素、生長素，和細胞激素，讓它分化或轉分化成神經系
　　　統的細胞，才拿來使用。

　　　利用神經幹細胞治療中樞神經系統的疾病有幾個特點：

　　　一、神經幹細胞在腦中會根據其周圍微環境的誘導，而分裂
分化成為身體需要的細胞類型，藉以取代壞死的細胞或補充已經
失去的功能。因此掌握控制微環境的竅門，才可以控制神經幹細
胞分化的方向。

　　二、中樞神經系統具備一種特殊的結構 ── 血腦屏障，位於血管和腦組織之間，血液中負責組織排斥作用的淋巴球很難通過。因此中樞神經內如果有來自不同個體的細胞，也許不會引起嚴重的排斥反應。所以如果要利用神經幹細胞治療中樞神經疾病，細胞的來源可能不限於組織相容的人。

　　三、根據不同的需求，先在實驗室把特定基因導入神經幹細胞，再移植到病患中樞神經內，幹細胞分化以後的神經細胞表達了外來基因的信息，可以治療神經系統的疾病。目前很多研究者根據神經幹細胞的這些特性，從不同角度加以應用，讓神經系統疾病的治療充滿了新希望。

生長素與巫婆湯

　　神經幹細胞的存活、增生和分化，必須依賴各式各樣的細胞激素和神經生長素，例如：

　　●「介白質 -1,7,9,11」，誘導細胞分化；

　　●「腦源的神經營養素」和「睫狀神經營養素」，維持新生神經細胞的生存；

　　●「表皮生長素」，促進幹細胞分裂；

　　●「纖維細胞生長素」，在低濃度下可以促進幹細胞增殖，高濃度時則會促進幹細胞分化；

　　●「膠細胞源神經生長素」，保護多巴胺神經元免於死亡，因此有治療帕金森症的潛力；

細胞種子

什麼是幹細胞?

我們每一個人都是由一顆受精卵經過絕妙而懾人的歷程製作出來的,這個歷程包括分裂、增殖,以及分化成形狀和功能各有特色的細胞。此外,一旦形成人體,毀損的細胞必須隨時替換成健康的細胞,才能維持人體正常的功能。這些奇妙的工作是怎麼做到的?答案就在「幹細胞」。研究幹細胞的目的也是為了解答這個謎。另外,擁有幹細胞知識,未來或許會出現以細胞來治療疾病的新契機,這個新興領域稱為「再生醫學」。

幹細胞和普通細胞不一樣的地方在於:

第一、幹細胞是一種可以長期更新自己的非特化性細胞,亦即幹細胞可以製造幹細胞。

第二、在特別的生理或實驗環境下,幹細胞可以分化成特化的細胞,例如製造胰島素的胰島細胞,或終身持續搏動的心肌細胞。

目前科學家研究的對象主要有兩種幹細胞:一種是胚胎幹細胞,一種是成體幹細胞。二十年前科學家就從老鼠胚胎取得胚胎幹細胞,經過仔細的研究,直到 1998 年終於有能力取得人類胚胎幹細胞,並且能夠在實驗室培養這個自人類取的胚胎幹細胞。

在胚胎初期形成囊胚的階段,受精卵分裂成一團胚胎細胞,其中內層的胚胎細胞,約 30 個,未來將分化成數百種形狀跟功能各具特色的細胞,是多能性胚胎幹細胞。除了這些胚胎幹細胞以外,成體,也就是已分化的個體,體內也有幹細胞。例如臍帶血、骨髓、血液、血管、真皮、肌肉、眼球、腦等處都有成體幹細胞的蹤跡,它們可以製造新細胞來替補老舊或死亡的細胞 (圖 1-9)。

在特定條件下培養的胚胎幹細胞可以維持不分化的狀態。如果

允許幹細胞聚集成堆，它們就會開始自動分化，例如分化成肌細胞、神經元、血球等等。任由幹細胞自動分化將失去實用的價值，就像荒蕪的田園長了一堆雜草一樣。科學家利用一些方法，控制分化的方向，這些辦法包括：改變培養基的成分、改變培養皿的表面、插入特殊基因到幹細胞內……等。經過這些年來的努力，科學家已經建立一些可以指引幹細胞循特定方向分化的基本配方。

一旦科學家有辦法正確無誤地指引幹細胞分化成特定細胞，或許就可以取這些細胞治療一些嚴重的細胞退化或損傷的疾病，如帕金森症、糖尿病、脊髓損傷、小腦退化、肌肉萎縮、心臟病、視障、聽障等。

●「膠細胞生長素」、「類胰島生長素」、「神經營養素」，幫助膠細胞的產生。

許多生技公司致力開發這些生長素的用途，有些生長素對皮膚組織有更新功能，有美容作用。

我們的腦會製造生長素，藉以產生新的神經細胞，但是腦需要達到微妙的平衡才會有正確的功用。有些實驗在受傷的腦裡投予生長素，反而阻礙腦的正常運作。這是因為腦中如果有一個地方增生太多細胞，會造成異常放電，也就是癲癇。此外，生長素也是促進癌症形成的一個要素，必須徹底研究清楚細胞分化的過程中，什麼時候需要什麼種類、什麼濃度的生長素，才能夠進一步實行人體試驗。

細胞種子

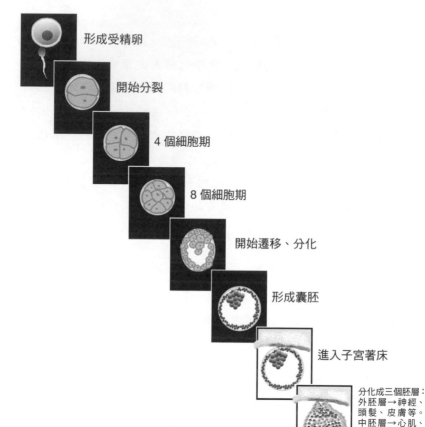

形成受精卵

開始分裂

4 個細胞期

8 個細胞期

開始遷移、分化

形成囊胚

進入子宮著床

分化成三個胚層：
外胚層→神經、
頭髮、皮膚等。
中胚層→心肌、
骨骼、血液等。
內胚層→胰臟、
膀胱、腸壁等

圖 1-9 胚胎形成的過程。第 1 天精卵結合，受精卵開始卵裂，1 個受精卵變
　　　成兩個細胞→4 個細胞→8 個細胞……。第 4 天細胞開始遷移，分化
　　　成外層滋養細胞及內細胞團，形成有空腔的囊胚。第 6 到第 9 天囊胚
　　　在子宮內壁著床。到了第 14 天，內細胞團分化成三個胚層，這三個
　　　胚層以後可分化成人體所有細胞。在囊胚的階段取內細胞團培養，如
　　　果環境適當的話，這些細胞會成長為胚胎幹細胞株，而且幹細胞株可
　　　以保有自我更新及分化為各種細胞的潛力。

　　有些藥物可以刺激腦製造生長素，例如許多人服用的降血脂藥物（他汀類）和抗憂鬱藥物（百憂解），就可以透過升高腦內的生長素來增加神經新生。由於生長素無法從血液穿透血腦障蔽進入腦內神經組織，因此利用這類可以進入腦內作用的藥物比直接投予生長素來得可行。

　　莎士比亞名劇《馬克白》裡有一道著名的巫婆湯，透過它，人們可以與靈魂對話，預知未來。巫婆湯配方是這樣的：首先是蟾蜍、蝙蝠、毒蛇、水蜥的眼睛、狗頭、蜥蜴腿、貓頭鷹的翅膀、龍鱗、狼牙、鯊魚肚、女巫的乾肉、在夜晚挖出的毒草根、山羊的膽汁、猶太人的肝、墳墓裡的松根，和死了的小孩手指。將這些配方混在很大的鍋裡煮沸，然後用狒狒的血冷卻後，倒進吃了自己小孩的母豬的血，最終才調配出巫婆湯。

　　培養幹細胞和誘導幹細胞往特定方向分化所要用到的配方遠比巫婆湯複雜。科學家在能操控幹細胞的分化方向之前，必須利用生長素和藥物調製出各式各樣的「巫婆湯」。

　　下頁這個配方，是幹細胞培養液配方的一個例子。不過這帖「人類胚胎幹細胞培養液」的配方，複雜的程度遠遠超過巫婆湯。（表 1-1，引自《自然生技》2006 年 2 月）。

　　這些生長素、細胞激素和相鄰的細胞構成一個微環境，研究幹細胞的科學家喜歡稱呼這個微環境為壁龕。研究發現，脊髓傷害無法修復的原因之一，就是微環境的關係。雖然脊髓受傷會啟動幹細胞活動，但是這時幹細胞移行到受傷的部位，分化成星狀

細胞種子

表 1-1

Table S1. Complete Formulation for TeSR1 Medium

INORGANIC SALTS	mM	AMINO ACIDS	mM
Calcium chloride (Anhydrous)	8.24E-01	L-Alanine	1.37E-01
HEPES	1.18E+01	L-Arginine hydrochloride	5.48E-01
Lithium Chloride (LiCl)	9.80E-01	L-Asparagine-H2O	1.37E-01
Magnesium chloride (Anhydrous)	2.37E-01	L-Aspartic acid	1.37E-01
Magnesium Sulfate (MgSO4)	3.19E-01	L-Cysteine-HCl-H2O	7.83E-02
Potassium chloride (KCl)	3.26E+00	L-Cystine 2HCl	7.83E-02
Sodium bicarbonate (NaHCO3)	1.80E+01	L-Glutamic acid	1.37E-01
Sodium chloride (NaCl)	9.46E+01	L-Glutamine	2.94E+00
Sodium phosphate, dibas (Anhydrous)	3.92E-01	Glycine	2.94E-01
Sodium phosphate, mono.	3.55E-01	L-Histidine-HCl-H2O	1.18E-01
(NaH2PO4-H20)		L-Isoleucine	3.26E-01
		L-Leucine	3.54E-01
TRACE MINERALS		L-Lysine hydrochloride	3.91E-01
Ferric Nitrate (Fe(NO3)3-9H2O)	9.71E-05	L-Methionine	9.06E-02
Ferric sulfate (FeSO4-7H2O)	1.18E-03	L-Phenylalanine	1.69E-01
Cupric sulfate (CuSO4-5H2O)	4.08E-06	L-Proline	2.16E-01
Zinc sulfate (ZnSO4-7H2O)	1.18E-03	L-Serine	2.94E-01
Ammonium Metavanadate NH4VO3	1.09E-05	L-Threonine	3.52E-01
Mangenous Sulfate Mn SO4 H2O	1.97E-06	L-Tryptophan	3.46E-02
NiSO4 6H2O	9.70E-07	L-Tyrosine 2Na 2H2O	1.68E-01
Selenium	1.77E-04	L-Valine	3.55E-01
Sodium Meta Silicate Na2SiO3 9H2O	9.66E-04		
SnCl2	1.24E-06	**VITAMINS**	
Molybdic Acid, Ammonium salt	1.97E-06	Ascorbic acid	2.53E-01
CdCl2	1.22E-06	Biotin	1.12E-05
CrCl3	1.98E-06	B12	3.94E-04
AgNO3	9.81E-07	Choline chloride	5.03E-02
AlCl3 6H2O	4.87E-06	D-Calcium pantothenate	3.69E-03
Ba (C2H3O2)2	9.79E-06	Folic acid	4.71E-03
CoCl2 6H2O	9.81E-06	i-Inositol	5.49E-02
GeO2	4.97E-06	Niacinamide	1.30E-02
KBr	9.89E-07	Pyridoxine hydrochloride	7.62E-03
KI	1.00E-06	Riboflavin	4.56E-04
NaF	9.83E-05	Thiamine hydrochloride	2.42E-02
RbCl	9.81E-06		
ZrOCl2 8H2O	9.80E-06	**GROWTH FACTORS/PROTEINS**	
		GABA	9.79E-01
ENERGY SUBSTRATES		Pipecolic Acid	9.84E-04
D-Glucose	1.37E+01	bFGF	5.77E-06
Sodium Pyruvate	3.92E-01	TGF beta 1	2.35E-08
		Human Insulin	3.92E-03
LIPIDS		Human Holo-Transferrin	1.37E-04
Linoleic Acid	1.88E-04	Human Serum Albumin	1.95E-01
Lipoic Acid	4.00E-04	Glutathione (reduced)	6.38E-03
Arachidonic Acid	1.29E-05		
Cholesterol	1.12E-03	**OTHER COMPONENTS**	
DL-alpha tocopherol-acetate	2.90E-04	Hypoxanthine Na	1.18E-02
Linolenic Acid	6.99E-05	Phenol red	1.69E-02
Myristic Acid	8.59E-05	Putrescine-2HCl	3.95E-04
Oleic Acid	6.94E-05	Thymidine	1.18E-03
Palmitic Acid	7.65E-05	2-mercaptoethanol	9.80E-02
Palmitoleic acid	7.71E-05	Pluronic F-68	2.33E-02
Stearic Acid	6.89E-05	Tween 80	3.29E-04

細胞，它們收拾殘局後形成疤痕，卻沒有修復受損的神經。如果可以控制受傷部位的微環境，利用生長素讓神經幹細胞改變分化路徑，形成神經元或寡突細胞，就可以改變中樞神經疾病患者的命運。啊！如果可以的話。

四、幹細胞治療神經系統疾病的新進展

如果現在有人推著輪椅帶著自己心愛的人到醫院求醫，希望以幹細胞療法治療神經的損傷，是否可行？幹細胞療法現今仍然是離臨床應用還有一大段距離的新興科學，必須經過動物試驗、人體試驗之後，證實比現存的療法更有效，且沒有不可接受的副作用，才可以逐步推行到臨床使用。因此目前到醫院要求以幹細胞療法治療神經損傷疾病，仍是不可行的。

幹細胞治療的條件

在沒有徹底摸清楚神經幹細胞的底細之前，絕對不可以貿然拿它來做臨床使用。神經元就像一個電子元件，如果幹細胞分化成一些神經元，但是這些神經元亂七八糟地堆在神經系統裡面，造成短路，把視覺的神經衝動聯結到疼痛中樞，後果非常可怕，可能一張眼就痛不欲生。

儘管如此，許多動物實驗還是讓我們更了解神經幹細胞是如何幫助我們的。科學家發現，植入神經幹細胞到小鼠大腦一側，

以後在對側也可以看到一些植入的細胞，可見幹細胞會移行。因此科學家要進一步找出是什麼因素讓幹細胞移行？了解之後，才可以導引幹細胞前往病患真正需要治療的部位。

神經幹細胞是怎麼治療疾病的？是取代壞掉的神經嗎？越來越多的研究發現並不一定如此。取代壞掉的組織是一種治療方法，但是更多時候神經幹細胞扮演的是護理師的角色，它會分泌神經營養素，安慰受傷的細胞，鼓勵還沒被破壞的組織，或是幫忙修補壞掉的地方。幹細胞可以讓神經元活得久一點，讓發炎輕一些，讓輸送養分的血管長得快一點。

幹細胞治療必須掌握黃金時期。幹細胞要在生病的部位執行修補動作時，有三個要件：幹細胞、信息因子和環境。生病的部位有一段時間會發出求救信號，召喚來的幹細胞會在局部環境（就像一棟建築的骨架）的支持下執行修補的功能。過了這段時間，患部一旦被纖維化，環境遭到破壞，連骨架都被徹底拆除，想要照原貌修補就太晚了。神經系統的疾病尤其如此。許多神經系統的疾病在發病後有一段幹細胞治療的黃金時期，過了黃金時期，複雜的神經線路沒有留下舊的痕跡，新的線路充其量也只能亂接亂長，等於是沒有功能的神經。

中樞神經（腦與脊髓）的修補更是複雜。中樞神經有 1 千億個神經元，神經元之間傳遞信息，要經由特定的聯絡點，稱為突觸，是寬約 25 奈米的間隔。有人估計中樞神經的突觸數量多達 100 兆。神經元的信息在細胞內以電波傳導，然後透過化學物

細胞種子

神經幹細胞標記

　　利用神經幹細胞特有的蛋白質，可以辨識神經幹細胞，這種蛋白就是一種標記。例如有一種神經幹細胞標記，名稱很特別，叫做武藏標記——這是一種存在於神經幹細胞的蛋白，分化成熟的細胞就沒有這種蛋白。果蠅有一種神經幹細胞會分化成由四個細胞構成的感覺剛毛，這四個細胞之中有一個細胞外表突起如一把劍，武藏基因突變的幹細胞則長出兩支劍。由於以往日本武士配戴一把劍，宮本武藏才配戴兩把劍，因此這個基因乃被命名為武藏基因，給這個基因命名的人真會想像。

　　人類的武藏基因位於 12 號染色體，基因功能與分化有關。利用帶著螢光的抗體，可以標示出帶有武藏蛋白的幹細胞，所以這是一種神經幹細胞標記。1998 年日本學者岡本及研究夥伴以武藏標記證實人腦有神經幹細胞。

野生型　　　　　　　突變型

另一種常用的神經幹細胞標記是巢蛋白。每一種細胞有一定的型態，不同種類的細胞型態會有所差別，這是因為細胞裡有骨架支撐的關係。細胞骨架主要由蛋白分子聚合而成，根據骨架粗細，可分為三類：微小管、中間絲和微小絲。其中的中間絲與其附屬蛋白是很特殊的一類，不同種類的細胞，甚至同一細胞的不同分化時期，都可能會有不同的中間絲。巢蛋白就是神經幹細胞中一種特別的中間絲，可以作為神經幹細胞的標記。隨著神經細胞的分化，巢蛋白會逐漸消失。除了幹細胞以外，神經元、星狀細胞、寡突細胞也都各有特殊的生物標記。

質把信息帶過突觸，再激發下一個細胞產生電波。神經元如果死了，這些細部構造很快就會瓦解，新生的神經元無法像原來的細胞建構與其他神經元的聯繫。一旦錯失時機，幹細胞療法就很難發揮療效了。

幹細胞治療漸凍人的經驗

義大利的科學家從 7 個肌萎縮側索硬化症病人的骨髓取出幹細胞，在體外增殖後，植入幹細胞到病患脊髓。這個 2003 年的研究，目的是要看幹細胞移植對病人有沒有不良的效果。結果只產生輕微的副作用：如疼痛或腳麻，副作用幾個禮拜就消失了。3 個月後病人肌肉力量減退的速度趨緩，有兩名病人肌肉變得比較有力。這是很初期的實驗，實驗中唯一值得稱道的，是取用無損於病患健康的骨髓幹細胞。如果能在體外先引導骨髓幹細胞轉

分化成神經細胞或寡突細胞，再配合神經生長素作自體移植，可以不致招來貿然行事的批評。此外，我們也沒辦法從這個試驗判斷骨髓細胞是否真的轉分化成神經組織。

神經生長素對運動神經有高度親合力，可以防止細胞被破壞。2005 年，科學家利用取自人腦的神經幹細胞在體外增殖後，藉反轉錄病毒把「膠細胞源的神經生長素」基因插入幹細胞的基因體裡面，再把這種基因轉移細胞注入肌萎縮側索硬化症大鼠的脊髓。由於生長素分子很大，外來的生長素無法穿透血腦障蔽進入腦脊髓裡面，除非藉著手術埋管直接把神經生長素注入中樞神經。現在科學家注入這些基改幹細胞到神經系統內了，細胞移行到中樞神經各個部位，並且開始製造神經生長素。移植的細胞存活了 11 週，大鼠的神經功能有好轉。

這個研究利用基因療法合併幹細胞療法，同時給予生病的神經系統神經幹細胞和神經生長素基因，是一種先進、有創意的做法。但是只有初步的成果，要在人體進行這類想法的應用，至少還要等到基因療法跟幹細胞療法可能造成癌症的疑慮先排除了之後才有機會。

神經幹細胞療法的人體應用有遠大的發展前景，不過現階段連嬰兒期都稱不上，充其量只能算是胚胎期。基因療法也是如此。這些未來必然成真的治療方法，固然已經給了我們許多允諾，但是至少還要數十年的灌溉才會有美好的果實，現在正是投入研究的時候。

成功實現「幹細胞治療」需要什麼條件？

一、要能夠複製到足夠使用的量；

二、要能夠控制幹細胞分化成所需要的細胞種類；

三、移植後要能夠存活夠久；

四、移植後能與週遭的組織適切搭配；

五、移植後要長期確保功能正常；

六、必須確保不會傷害任何人。

幹細胞治療脊髓損傷的試驗

利用幹細胞治療脊髓損傷，也有令人期待的發展。1999 年美國聖路易州華盛頓大學的科學家，讓美夢成真的日子更接近一點。他們先用直徑 2.5 毫米（比牙籤略粗）的金屬棒，破壞大鼠胸部的脊髓，癱瘓大鼠後肢。9 天之後，在脊髓受傷部位注入約 100 萬個鼠胚胎幹細胞。移植 2 週以後幹細胞充滿受傷的部位，之後幹細胞移行到較遠的地方，並且分化為星狀細胞、寡突細胞和少量的神經細胞。大鼠後肢的運動功能雖然沒有完全恢復，但是已經可以動了！

從那時起，這個團隊陸續發表許多相關研究，但是要應用在人的身上還言之過早，主要原因是，科學家至今還無法知道，幹細胞移植之後接下來發生了什麼事？讓脊髓逐漸復原的是新生的神經細胞？還是植入的幹細胞製造某種因子？或是寡突細胞讓軸突重新生長？此外，移植用的幹細胞取自外來胚胎，是同種異體

的細胞。實驗中的大鼠有服用抗排斥藥物，只是人體對異體細胞更容易產生排斥，是不是服用藥物就能克服排斥？人體試驗之前必須先解決這些問題。

加州的科學家利用人類成體神經幹細胞，成功讓小鼠受損的脊髓組織再生，小鼠的行動能力改進了。這項 2005 年的發現為細胞療法治療人類脊髓損傷帶來了新希望。之前也有其他科學家讓癱瘓的老鼠得到行動的能力，但是這一次發現小鼠康復的關鍵，在於幹細胞形成了可以幫助接通脊髓的神經元。這些幹細胞生成兩種新細胞：神經元和寡突細胞。由於神經元的纖維只有在寡突細胞製造的髓鞘包裹下才能進行正常的電波傳遞，因此形成這兩種細胞恰好對脊髓再生幫了大忙。

研究人員先破壞老鼠的脊髓，9 天後在脊髓受傷的部位注射人類神經幹細胞。接著分別在 1 天、2 天、4 週、17 週後，解剖檢查移植部位復原情況。研究發現，移植後小鼠運動能力有進步。植入的細胞後來分化成神經元並且與小鼠的神經元形成聯結，也分化成寡突細胞並且執行髓鞘化的工作。沒有接受治療，或者注射其他不相干細胞的對照組小鼠，則沒有任何進步。

研究者希望找到讓老鼠康復的原因：幹細胞是藉著神經營養素刺激小鼠癒合？還是直接投身置換脊髓損傷？於是給這些小鼠注入白喉毒素，這種毒素只會殺死人體細胞，對老鼠細胞沒有作用。結果那些康復的老鼠再次癱瘓了，可以推論是植入的人體細胞起了作用。

幹細胞治療帕金森症的試驗

日本京都大學於 2005 年進行一項研究，在實驗室導引猴子的胚胎幹細胞分化成神經幹細胞，再利用「纖維細胞生長素」誘導神經幹細胞分化成多巴胺神經細胞，然後移植多巴胺細胞給帕金森症的猴子。猴子的帕金森症是人為造成的，注射一種化合物（ MPTP ），是製造帕金森症實驗動物的標準方法。多巴胺細胞移植部位在腦深部運動協調中樞一個叫做「殼」的地方。10 週後症狀有改善，14 週後移植部位有多巴胺細胞活動的跡象。

以往細胞療法用的是腎上腺或胎兒中腦組織，這些地方含有多巴胺細胞。台灣也有利用胎兒中腦細胞移植的先進研究。雖然有效，但是病患進步的程度有限，對於長期使用多巴胺藥物造成的嚴重後遺症「異動症」（動作不正常）則沒有幫助。

另外，之前好幾個動物實驗在幹細胞移植後長出腫瘤，更是得不償失的嚴重副作用。京都大學這項研究最重要的進步在於他們使用分化成熟的多巴胺神經細胞。理論上成熟細胞比較不會形成腫瘤，實驗觀察期間也確實沒有看到腫瘤新生，這是好消息。實驗動物在移植之前就沒有異動症，所以這方面的效果無法評估。

同年，英格蘭的研究人員宣稱他們可以讓帕金森症病人的多巴胺細胞復甦。幾年前，這群科學家替 5 名帕金森症病人進行手術，放置一條管子到腦深部「殼」的部位，這條管子的另一端連接一個幫浦埋在肚皮下。幫浦會推送「膠細胞源的神經生長素」

藥劑,會促進神經幹細胞分化成多巴胺神經細胞,也可以讓斷裂
的軸突復原。

其中一個老人因為心臟病過世了,研究人員檢視他的腦有沒
有多巴胺細胞。這名 62 歲老人已經持續接受神經生長素治療 43
個月,治療之後,老人的帕金森症狀有明顯的進步。解剖他的
腦,發現接受生長素那一側傳遞多巴胺的神經纖維比較豐富。

這是第一個證實神經生長素可以讓帕金森病患病情好轉,而
且腦中多巴胺神經纖維增加的人體試驗報告。如果這是防止神經
繼續退化,甚至讓神經復甦的療法,必定比細胞移植更簡便可行。

英國牛津大學的馬丁斯有一個計畫:分析帕金森症患者的腦
神經細胞,研究他們發病的歷程,尋找治療和預防的方法。問題
是,要如何取得活人的腦細胞?

研究人員想出一個辦法,取病患的皮膚纖維細胞,然後利用
日本科學家山中伸彌的方法,藉著病毒導入 4 種基因,重設纖維
細胞的基因開啟狀態,製作人工多能性幹細胞(山中伸彌方法的
介紹請參閱第四章)。接著利用化學物質讓幹細胞分化成為神經
細胞,建立人工腦細胞銀行,就可以觀察病患的神經細胞是如何
一步一步退化,終究造成帕金森症。

這項計畫於 2010 年獲得英國帕金森基金會的獎金 500 萬英
鎊,2011 年得到初步的成果。一位 56 歲患者因為帕金森症,不
得已提早退休,研究人員取了一小片他的皮膚,製作成一小片腦
組織,其中有多巴胺細胞,它就是造成帕金森症的原因。

以往醫生沒辦法回答帕金森症形成的過程，也沒辦法提供預防的建議。幹細胞科學發達以後，在實驗室的培養皿裡面，就可以觀察疾病形成的過程和嘗試新藥。這種嶄新的研究方法，也許能解決一些醫學上的難題。

日本京都大學的出澤真理，從小鼠的骨髓取得間葉基質細胞，先在實驗室誘導幹細胞分化為表現多巴胺神經元特性的神經細胞，再移植回帕金森症小鼠大腦深部的運動協調中樞。結果帕金森症狀有改善。

在正常的生理狀況下，間葉基質細胞可分化為骨細胞、軟骨細胞、脂肪細胞。出澤利用凹痕基因和細胞激素引導幹細胞分化成神經細胞。她的想法是這樣的：凹痕基因製造的蛋白是一種轉錄因子，可啟動掌管細胞分化和細胞命運的基因，加上細胞激素的幫助，就可以誘導間葉基質細胞轉分化成特殊功能的神經細胞。

由於以往神經細胞移植的來源不管是胚胎幹細胞或是中腦的神經幹細胞，都是別人的細胞，難免有排斥及細胞存活不易的問題。如果可以取用本身的細胞，轉分化成神經幹細胞，取用容易，又不會排斥，實在有許多好處。

利用間葉基質細胞還有個好處，就是它們可能不會變成癌細胞。2011 年出澤的團隊發表一個新發現，就是皮膚或骨髓的基質細胞當中，有一種具備多系分化能力，對壓力具耐受性的幹細胞（簡稱 Muse 細胞），在適當的懸浮液中培養，會發育成幹細胞團，構成的細胞是多能性幹細胞。它們會自我更新，可以發育成

培養胚胎幹細胞的方法

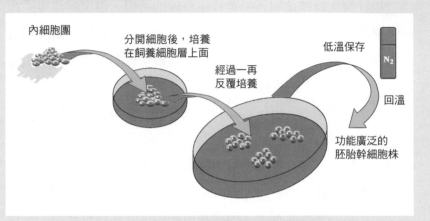

內細胞團

分開細胞後，培養在飼養細胞層上面

經過一再反覆培養

低溫保存

N₂

回溫

功能廣泛的胚胎幹細胞株

　　如何培養胚胎幹細胞？胚胎幹細胞的來源是胚胎；利用人工授精製造的試管胚胎，在受精卵發育第 5 天左右會形成一個中空的囊胚。囊胚有三種構造：外層的滋養層包圍著囊胚，內部有一個囊胚腔，囊胚腔一端有大約由 30 個細胞組成的內細胞團。

　　培養胚胎幹細胞時，首先取囊胚內細胞團，放到含細胞培養基的培養皿，讓這些細胞分布在胚養基表面。通常培養皿內面要先鋪上鼠胚皮膚細胞，這層細胞稱為飼養層，飼養層細胞會事先用放射線處理過，因此不會再分裂，它們的作用在於讓內細胞團的細胞有可以依附與取得營養的表面。現在科學家開始嘗試改用人類皮膚細胞當作飼養細胞，以免萬一鼠細胞內有奇特的病毒或毒素進入人類胚胎細胞，會影響人類胚胎幹細胞的命運。

　　培養幾天後，內細胞團的細胞會增殖到一個程度，開始擠滿培養皿。這時要輕輕地把細胞分配到新的培養皿，再做培養。經過半年多的時間，最初的 30 個內細胞團細胞已經繁衍成數百萬個胚胎幹細胞。這些經過長期培養增殖，沒有分化、功能廣泛、看起來基因

正常的細胞就是胚胎幹細胞株。一旦建立起幹細胞株，就可以分裝冷藏運送到其他實驗室，供進一步研究之用。

為三個胚層，有分化成各種細胞的潛力。跟真正的胚胎幹細胞不一樣的是，這些間葉基質細胞移植到免疫缺陷鼠身上，不會形成畸胎瘤。這一點很重要，幹細胞療法最怕移植進去的細胞產生癌瘤，如果基質細胞沒有這個疑慮，是一個重要的好消息。

這個團隊最近利用人類新生兒臍帶裡面的基質細胞，經一系列藥劑的處理，讓它們分化成為許旺細胞。許旺細胞具有修復軸突和包覆髓鞘的功能。這些從臍帶製造的許旺細胞，在切斷神經的成鼠身上，發揮了修復神經的能力。這一套方法也許可以拿來應用在人類周邊神經損傷的細胞治療上。

2 日本天空那兩朵雲
——骨髓裡的細胞種子

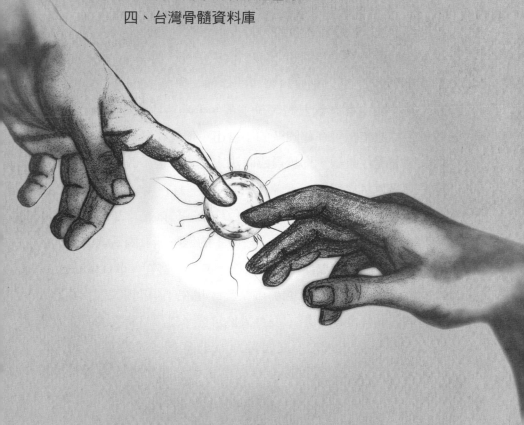

一、原爆之日

1945 年 8 月 6 日上午 8 點 15 分，美國空軍的重型轟炸機飛抵廣島上空，投下第一枚原子彈「小男孩」。三天後，8 月 9 日上午 11 點 02 分，在長崎投下第二枚原子彈「胖子」。投擲在廣島的「小男孩」，是以鈾原料製成的炸彈，彈長 3 公尺、直徑 71 公分、重 4 噸，爆炸威力約等於 1 萬 5 千噸黃色炸藥。「胖子」的攻擊目標原本預設在福岡縣的小倉市，但就在飛機抵達小倉上空時，雲層遮住視線，駕駛員臨時決定把「胖子」改投長崎。這顆原子彈是以鈽原料製成，彈長 3.2 公尺、直徑 1.5 公尺、重量 4.5噸，破壞力約等於 2 萬 1 千噸黃色炸藥。這兩顆原子彈都在日本上空 550 公尺處爆炸，爆炸之後產生的低壓熱氣團飛快上升，近乎真空的空間吸收爆炸產生的火焰、濃煙、雜物，形成蕈狀雲。

除此之外，日本天空那兩朵雲，也在一瞬間吸走了 10 萬人的靈魂。廣島地勢平坦，沒有天然屏障，當天在原爆點 1.2 公里內有 50% 的居民死亡。從原爆到 1945 年終，廣島有 14 萬人喪生，其中許多人是受到爆炸輻射的傷害而在幾週或幾個月後喪

生。長崎多山，災情沒有廣島慘重，但喪生者也高達 8 萬人。

黑雨

原子彈爆炸後，廣島與長崎的許多居民由於暴露在強烈輻射中，引起許多後遺症：包括骨髓衰竭、惡性腫瘤、白血病與瘢痕瘤。前述喪生的人數還不包括這些後遺症所造成的死亡。

原子彈爆炸時，立即的災難是由核分裂產生的巨大能量轉變成暴風、熱線、輻射和黑雨來毒害人類。

暴風形成的衝擊波是核彈最主要的破壞力，大多數的建築都會受到致命的摧毀。暴風速度每秒超過 440 公尺，比音速還快。廣島原爆造成的衝擊波威力，使得周圍兩公里內的房屋幾近全毀。

核武爆炸會伴隨大量的電磁輻射，形式包括強光和高熱。強力的光與熱會弄瞎眼睛、灼傷皮膚。在晴朗的天氣下，強大的輻射能量可以使人的皮膚、衣物、房屋的樑木、紙張被烤焦或點燃。爆心的溫度高達三、四千度，讓木造房屋在瞬間化為灰燼。由於熱輻射線是直線進行，所以任何不透明的物體都可以成為有效的壁壘阻止它傳播。但是如果空氣中有霧氣，這些小水珠會散射輻射線向四面八方傳播，於是所有的壁壘都會喪失作用。核分裂產生的輻射還有 α、β、γ、χ、中子射線等等，這些射線會造成腦、腸或骨髓受損，經年累積後會在人體引發各種癌症。

在靠近地面的爆炸中，大量的土壤、水分、爆裂物殘餘被火球加熱，飛升成為放射雲。這些物質凝結後變成放射性顆粒，較

大的顆粒在 24 小時內化身「黑雨」降落大地，救護人員一旦淋到黑雨，皮膚及黏膜都會受到嚴重傷害，也會掉髮；而較小的顆粒可能會在全球大氣系統中漂浮幾個月，整個輻射塵覆蓋的面積遠遠大於熱輻射和衝擊波的範圍：廣島原爆當天吹東南風，黑雨覆蓋的範圍往西北延伸 19 公里。

日本作家井伏鱒二在 1966 年出版的小說《黑雨》，以廣島靜謐的田園作為舞臺，描寫原子彈爆炸後的 5 年中，那些生活在附近疏散地，親身經歷過原子彈爆炸輻射的村民們最後的時光。1989 年名導演今村昌平改編為電影。劇中一名淋到黑雨的少女矢須子與村人一同遭受廣島原爆傷害，多年後，許多來提親的人一聽說少女曾經看到那一場爆炸的閃光，就紛紛打退堂鼓。她的親人死的死、瘋的瘋，黑雨和時間一起無情地侵蝕她的生命。原子彈爆炸時，故事主人翁閑間重松正走在橫川車站的鐵橋上，天空突然出現一朵蘑菇雲，「那形狀與其說是蘑菇，不如說像一隻海蜇，但比海蜇更具有動物的活動力。」海蜇的腳震顫著，海蜇的頭部變換著紅綠藍紫的顏色滾動著。像一團沸騰的開水，從內向外翻滾；像野獸兇猛狂奔，眼看著就要撲到頭上來。「這怪物宛如從地獄裡鑽出來，在迄今為止的宇宙裡，是誰握有權柄，放出了這種怪物？」

閑間重松最掛意的就是前來投靠的侄女矢須子的婚事，他所做的一切努力都是為了侄女的幸福。他不願旁人歧視矢須子的原子病，然而，當矢須子開始眼睛發花、頭髮脫落，閑間重松的努

力也隨之失去目標，希望化作泡影，剩下的只有每天凝視著對面的山巔，絕望地等待矢須子的病出現奇蹟了。

放射病

原子彈爆炸釋放大量的放射線，對那些沒有死於衝擊波或熱線的人造成急性放射病。急性放射病一開始出現嘔吐、腹瀉、肚子痛，如果併發神經症狀，例如喪失方向感、肌肉張力增強、抽搐、休克，是腦型放射病，幾乎都在一兩天內就會死亡。

如果只有上吐下瀉肚子痛，沒有神經症狀，是腸型放射病。這些人大部分在兩個禮拜內死亡，倖存下來的人會有骨髓造血的障礙等在後面。

第三種急性放射病是骨髓型。這些人吸收的放射線比較少一點，先在幾小時之後出現頭昏、乏力、食慾減退或嘔吐。白血球的數目短暫升高後開始下降，抵抗力變差。後來也會因血小板不足而容易出血，或是紅血球造血不足而貧血（圖 2-1）。

大江健三郎，1994 年諾貝爾文學獎得主，曾在 1963 年發表題為〈廣島札記〉的報導，其中一段寫道：

「一對原子彈受害者夫婦在廣島以外的地方結婚、生育，又帶著孩子回到廣島。這對夫婦描述了他們的親身體驗。他們的孩子不時有貧血現象發生，但在他們那裡，很難找到對原子彈爆炸後遺症有所了解的醫生。」

這就是暴露於放射線的後遺症——骨髓功能衰竭，骨髓沒辦

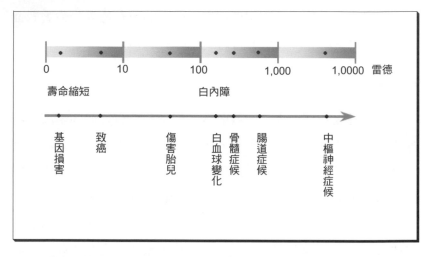

圖 2-1 放射劑量與身體傷害的關係。從原爆 9 萬 3 千名倖存者得到的經驗，暴露量超過 100 雷德，會造成急性損傷，其中白血球及骨髓幹細胞最為敏感，很容易被放射線殺死。

法製造足夠的紅血球。

1964 年，大江健三郎再訪廣島。

「這一年中，原子病醫院又有 47 個病人死去了。從對死者的統計來看，一位 82 歲的老婦死於肝癌，其餘的也大多是老年死者，有 67 歲、64 歲、55 歲等等。他們幾乎均死於癌症。」

從廣島、長崎的經驗，我們知道倖存者從原爆到發展成癌症，會經過許多年的潛伏期。例如血液系統的癌症（白血病）約 3 到 5 年開始進入危險期，甲狀腺癌約 7 到 10 年，肺癌、肝癌及乳癌 10 到 20 年，大腸癌及胃癌 15 年以上，多發性骨髓瘤有長

達 30 年的潛伏期。倖存者罹患癌症的機率是一般人的 400 倍以上，但是這個數字隨著與核爆中心的距離而異，越近越危險，越遠越安全。

當然，原爆的遺害不只這些，毀容的人、失明的人終身不能復原，生不如死。更有許多精神疾病、自殺的案例經常出現在報導之中。至今讀到這些慘狀，依然令人心中悸動不已。

根據如今已有 188 個國家簽署、並且已於 1970 年生效實施的禁止核武擴散條約，美國、俄羅斯、英國、法國與中國為「核子武器國家」。但條約生效後，印度與巴基斯坦仍進行了核子武器試爆，北韓也宣稱已經擁有核子武器。此外，國際社會強烈懷疑以色列擁有核子武器。根據揣測，伊朗正在秘密進行發展核子武器計畫。所有這些明的、暗的核子武器國家，都在密謀下一次投擲更強力的核彈，更徹底地消滅敵人——也消滅自己的人性。他們夢想著日本天空那兩朵雲，有一天也張揚在敵人的天空裡。

2005 年 8 月 6 日廣島市《被爆 60 周年的和平宣言》就指出：

「這些國家一直以『力量就是正義』為前提，結成了以擁有核武器為入會證的『核武俱樂部』，通過傳媒反復念著『核武器保護你』的虛偽咒語。結果，使沒有反論方法的許多世界人民相信了『自己什麼都不能做』；並且倚仗著可以在聯合國為所欲為的否決權，封鎖了世界上大多數的聲音。」

放射線與 DNA

　　原爆是因為原子核分裂產生能量而具破壞力。能量釋出的方式包括衝擊波、強光、輻射等等。輻射是一種巨大的能量，以光子或粒子的形式穿透人體，可以傳送能量給細胞內的分子。輻射能量進入人體時，水分子被游離或激發，造成 DNA 斷裂。因為水是構成人體最重要的分子，約佔人體 70% 的重量，而水分子很容易捕獲輻射能量，捕獲能量之後，水分子被游離，產生有害的自由基，這些自由基與細胞內的分子產生化學反應，因此細胞很容易損傷（圖 2-2）。細胞有自行修復的能力，如果輻射劑量不大，大部分的細胞都會恢復正常，所以適度的輻射可以拿來作為醫學診斷的用途。劑量如果太大，例如原爆的時候沒有足夠的防護，或後來被輻射塵侵襲，造成細胞嚴重受損、無法修復，就會表現出健康受損的症狀。

　　我們體內，有的細胞處於生命週期中穩定的靜止期，這些是成熟的細胞。有的細胞則處於準備分裂或正在分裂的時期，這些細胞會製造新的細胞。經常分裂的細胞在它的生命週期中有許多檢查點，細胞週期進行到檢查點的時候，DNA、有絲分裂的紡錘絲等構造都要接受嚴密的檢查，沒有通過檢查，這個細胞就會收到從容就義的判決書，黯然毀滅。萬一故障的細胞逃過檢查，這個細胞也許就會發展成失去控制的癌細胞。至於靜止的細胞，即使 DNA 出了問題，因為不再分裂，不必通過生命週期檢查點，往往可以存活很久，而且不會變成癌細胞。

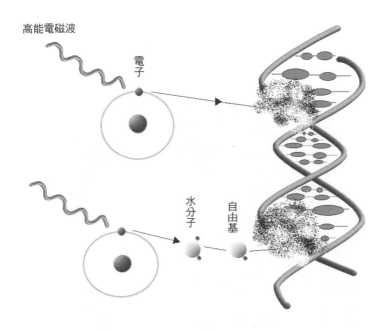

高能電磁波

電子

水分子 自由基

圖 2-2 放射能量以高能電磁波的形式，碰撞生物分子表面的電子。電子獲得高能
　　　量以後，有的直接衝撞 DNA，有的則衝撞水分子，讓水變成活性很高的
　　　自由基，自由基也會破壞 DNA。

　　骨髓是造血中心，骨髓中有許多經常分裂的造血細胞，因此
對輻射最敏感。只要 DNA 被放射線破壞了，在細胞分裂的過程
中就會被發現，終止細胞的生命週期。各種輻射如 X 射線、放射
性同位素等，除了損傷造血細胞之外，還會破壞造血微環境，影
響造血幹細胞的分裂和分化（圖 2-3）。

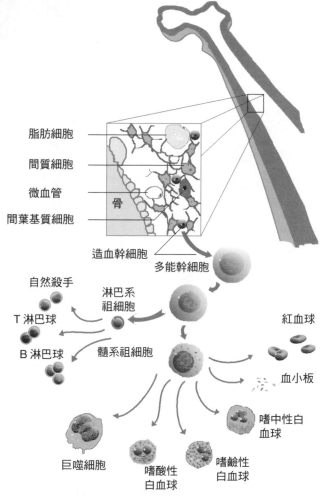

脂肪細胞

間質細胞

微血管

間葉基質細胞

骨

造血幹細胞

多能幹細胞

自然殺手

淋巴系
祖細胞

T 淋巴球

B 淋巴球

髓系祖細胞

紅血球

血小板

巨噬細胞

嗜酸性
白血球

嗜鹼性
白血球

嗜中性白
血球

圖 2-3 血液裡面各式各樣的血球，共同構成人體的維生系統。紅血球輸送氧氣給體內每一個細胞，同時運送廢氣二氧化碳到肺部排出體外。血小板就像修補房屋破損時使用的磚石，是終止出血的主要成分。各式白血球和淋巴球構成綿密的免疫防衛網，讓病原或抗原難以入侵。這些血球都是由於造血幹細胞以最驚人的速度隨時補充、維持足夠的數量，才能發揮維生的功能。放射、化療、許多種化學藥劑都會破壞忙碌的造血幹細胞，結果造成骨髓衰竭，嚴重的時候只能依賴骨髓移植治療。

　　骨髓暴露於輻射後幾小時，即見細胞分裂能力降低，血竇擴張、充血。接著骨髓細胞壞死，造血細胞減少，血竇破裂、出血。造血細胞減少的過程中紅血球系早於白血球系，最初是祖細胞減少，之後成熟細胞也減少。骨髓變化的程度與照射劑量有關，照射劑量小，血球僅輕微受損，出血也不明顯；照射劑量大，造血細胞嚴重缺乏，甚至完全消失。骨髓內可能只殘留脂肪細胞、骨細胞及嚴重出血。骨髓被破壞以後，假使還保有足夠的造血幹細胞，以後還能重建造血。骨髓造血可在照射後第 3 週開始恢復，在照射後 4 到 5 週看到明顯的再生恢復。若照射劑量很大，造血功能往往不能自行恢復。

　　因此原爆之後，許多人骨髓衰竭，沒辦法製造足夠的各種血球；也有許多人罹患白血病。這些都是骨髓造血幹細胞的 DNA 被放射線破壞的結果。骨髓衰竭的倖存者，只有接受造血幹細胞移植才救得了性命。

二、骨髓裡的細胞種子

　　人體重要的器官都必須受到完善保護，例如頭骨保護著腦、肋骨保護著心與肺。另外，血液是非常重要的組織，血液裡有負責免疫功能的白血球、負責凝血功能的血小板，以及負責攜帶氧氣和二氧化碳的紅血球。一旦缺乏這些血球，我們就無法生存，因此造血的部位必須確保安全。骨髓位於骨頭內部，是最安全的地方，成人的造血幹細胞就在骨髓裡。周邊血液裡也有造血幹細胞，顆粒球群落激素可以用來讓骨髓中的造血幹細胞往周邊移動。

骨髓造血幹細胞

　　早在第二次世界大戰結束的時候，科學家觀察到日本原爆後受到高劑量放射的人特別容易罹患骨髓衰竭、白血病和其他癌症。於是利用小鼠做實驗，發現骨髓移植可以讓受到照射的小鼠恢復健康。到了 1963 年，兩位加拿大的科學家，提爾和馬柯洛，發現老鼠骨髓內有一種細胞可以不斷增生，並且分化成血球細胞。他們稱這種細胞為造血幹細胞。

怎麼證實骨髓裡面有幹細胞？

一、他們發現，骨髓裡面有一種細胞，可以讓小鼠再造血液系統，解救受到致死劑量照射的小鼠。

二、第一隻接受過度照射的小鼠，接受骨髓移植後體內開始有造血細胞。移植牠的骨髓給下一隻過度照射的小鼠，這些造血細胞就像種子一樣，依然可以在下一隻小鼠體內著床產生新的造血系統，製造紅血球和白血球。

基於這些發現，歸納出造血幹細胞有無限制的自我更新及分化為血球的能力。

造血幹細胞是非常忙碌的細胞，這是因為血球有一定的壽命。例如我們的紅血球平均可以活 120 天，血小板大約 9 到 10 天，白血球則分為很多種，有的活一兩天，有的可以活 10 年以上。因此造血幹細胞必須不斷分裂，才能維持足量的血球。我們來看看紅血球，一個成人大約有 5 公升的血液，每公升有 5 兆個紅血球，所以我們的血中共有 25 兆個紅血球。以紅血球 120 天約 1 千萬秒的壽命換算下來，我們的骨髓每秒必須製造 250 萬個紅血球，是多麼令人驚訝的數字啊！每思及此，莫不驚恐窒息，自忖不該虛擲光陰，枉費骨髓的打拚。

所有的血球都來自造血幹細胞。幹細胞的特性是可以不斷自我更新與分化為成熟的細胞。科學家觀察到哺乳類的幹細胞可以透過不對稱分裂，形成兩個細胞，其中一個細胞擁有原來的細胞質，當中含有抑制細胞分化的物質，這個細胞仍是幹細胞；另一

個細胞則幾乎沒有分配到母細胞的細胞質，它會走上分化的路。

從造血幹細胞一路分化到成熟的血球需要經過很多步驟：造血幹細胞先分化出淋巴系的祖細胞和髓系的祖細胞，然後淋巴系祖細胞會分化出各種淋巴球，髓系的祖細胞則分化成紅血球、顆粒白血球、巨噬細胞以及血小板等等。祖細胞跟幹細胞不同的地方，在於祖細胞只能短暫自我更新，不像幹細胞可以不斷更新。

在生理狀態下，造血幹細胞專門製造各種血球。造血幹細胞的來源是胚胎幹細胞，也就是受精卵剛剛發育成中空囊胚時的內細胞團細胞。我們身體有200多種細胞，都是內細胞團發展出來的。而受精卵則是全能幹細胞，它發育為囊胚的內細胞團和外層營養組織，外層細胞後來發育成胎盤。缺乏外層營養組織就無法發育成正常胚胎。

造血幹細胞有沒有可能像胚胎幹細胞一樣，除了製造各式各樣的血球之外，也能改變分化途徑，生成其他的體細胞，像是肝或皮膚呢？目前動物研究顯示這是有可能的。舉例來說，老鼠骨髓造血幹細胞可以變成肝、肺、小腸和皮膚細胞——幾乎可以變成任何細胞；反之，取老鼠的神經幹細胞注射到骨髓，也可以生成各式各樣的血液細胞。

分化是一段複雜的旅程。以免疫細胞為例，人體內的免疫系統是抵禦病原侵犯最重要的保衛系統，這個系統由免疫器官（骨髓、胸腺、脾臟、淋巴結等）、免疫細胞（淋巴球、顆粒白血球、巨噬細胞、肥大細胞、血小板等），以及免疫分子（免疫球蛋白、

補體、細胞因子等）組成。骨髓是主要的造血器官，也是免疫細胞的工廠。胚胎期血球工廠一開始設在卵黃囊，後來遷移到胚肝和胚脾，最後由骨髓替代。成年期造血功能主要發生在胸骨、脊椎、髂骨和肋骨等扁骨的紅髓。

血球的祖先由功能廣泛的幹細胞增生分化為淋巴系和髓系幹細胞，再進一步增生分化為祖細胞。祖細胞只能分裂幾次就來到分化的終點了。禽類的 B 祖細胞進入腔上囊（Bursa fabricii），分化為成熟 B 淋巴球，名字中 B 即來自腔上囊拉丁文頭文字。人類沒有法氏囊，B 祖細胞留在骨髓內成熟。胸腺（Thymus）是 T 淋巴球分化和成熟的場所，骨髓中的 T 祖細胞經血行進入胸腺，在胸腺激素作用下分化為成熟 T 淋巴球，隨後釋入血流。

從幹細胞到成熟細胞是一個漸進的過程，而且細胞的成熟還必須經過不同器官的教育才能達成。

周邊血造血幹細胞

造血幹細胞另一個來源是周邊血液。周邊血造血幹細胞可以用血液分離機取得，過程與一般捐血類似，只是在抽血前幾天需先施打顆粒球群落激素，才能驅趕骨髓裡面的造血幹細胞到周邊血以便於收集。2002 年 10 月，我國衛生署將非親屬周邊血移植列為常規治療後，帶給血液疾病患者另一個重生的希望。「骨髓移植」的來源是取自臀部上方腸骨所抽取的造血幹細胞；而「周邊血幹細胞移植」則是藉注射激素讓骨髓裡的造血幹細胞大量釋

放到血液中，然後從血中收集輸入患者體內。

　　激素已經普遍應用於很多病患，例如癌症病患接受化學治療或造血幹細胞移植後，可以使用顆粒球群落激素提高白血球數目。我國衛生署則核定健康的捐贈者也可以使用激素，讓骨髓中的造血幹細胞移動到周邊血中。

　　骨髓與周邊血幹細胞移植的效果有什麼差別？對捐贈者而言，抽取周邊血幹細胞的安全性比較高，不舒服的感覺消逝得也比較快，沒有麻醉的危險。但是由於要注射激素，有時候會發生暫時性的副作用，如脾腫大、眼睛虹膜發炎、痛風、過敏、心律不整、血栓等，目前沒有發現其他更嚴重的副作用。對接受者而言，周邊血幹細胞移植有一些意想不到的好處，例如白血球及血小板長得比較快，免疫系統恢復得比較快，而且因為移植物抗腫瘤作用，使白血病復發的機會減少。周邊血幹細胞移植以後，新生的白血球對宿主細胞產生排斥的情形可能比較多見，可以想見周邊血幹細胞比骨髓幹細胞來得強悍，容易落地生根，但是也比較不好相處。

間葉基質細胞

　　骨髓是造血的工廠，而且造血系統以驚人的速度努力造血。這個由骨頭、基質、血管等構成的工廠，又是誰來負責建造、維修呢？

　　造血工廠的生產單元是血竇。血竇的構成材料包括骨髓神經

成分、微血管系統，以及各類基質細胞組成的結締組織成分，血球在這裡製造、分化、成熟。這個高度精密又非常有效率的血竇就像是各種血球的育嬰室。

來自中胚層的間質分化成造血幹細胞和間葉基質細胞，分別形成血球和結締組織。二十幾年前間葉基質細胞剛被發現的時候，被命名為間質幹細胞，自此有成千上萬的研究甚至有商品問市。不過這種細胞雖然可以在實驗室展現幹細胞的分化潛能，在體內卻幾乎不曾發現這種能力。加上各個實驗室因為採樣或培養方式的差異，每個實驗室使用的所謂間質幹細胞卻擁有不一樣的基因檔案，分化能力也相去甚遠。為了防止混淆，國際細胞治療學會在 2005 年就主張採取間葉基質細胞的名稱，而間質幹細胞則保留給在不同實驗室之間基因檔案一致，而且在體內真正具備幹細胞功能的細胞。首先提出間質幹細胞這個名稱的卡普蘭已不再相信那些細胞是幹細胞，更在 2017 年提出另一個名稱「醫藥信號細胞」，但因字面意義隱晦，還是採用目前廣泛使用的名稱。

間葉基質細胞是建造及維修造血工廠的工程師，在體外容易大量繁殖，而且已經證明可以被誘導分化為基質細胞、骨細胞、軟骨細胞、血管內皮細胞與脂肪細胞。基質細胞是造血微環境中的重要成員，它分泌的胞外基質以及各種造血生長素一同調節造血細胞的分裂與分化。

在實驗室培養間質幹細胞，加上特定的「巫婆湯」（各種營養素、信息因子和生長素）之後，可以改變細胞的分化方向，例

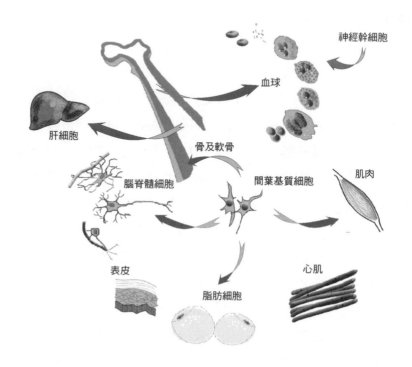

神經幹細胞

血球

肝細胞

骨及軟骨

肌肉

腦脊髓細胞

間葉基質細胞

表皮

心肌

脂肪細胞

圖 2-4 間葉基質細胞主要的工作是製造骨骼及營造骨髓基質，也就是造血的工廠。神奇的是，實驗室的條件似乎可以讓它分化或轉分化成各個胚層的組織：除了骨骼、肌肉，還包括肝、神經等等。間葉基質細胞就好像是沉睡在個體身體裡面的另一個自己，未來或許可以藉這些細胞，製造遺傳組成跟自己完全一樣的組織或器官供治療疾病之用。

如讓它轉分化成心肌細胞、神經細胞這些不易取得幹細胞的組織。如此一來，若有人罹患心肌梗塞導致心肌壞死，說不定可以取自己的基質細胞，經過增殖後注入心肌內，讓它生產新的心肌細胞，藉以修補心臟（圖 2-4）。誘導基質細胞分化成神經細胞，

可以用來改善小鼠模式的帕金森症，已在前一章介紹過。

　　誘導基質細胞分化成肝細胞，除了可以取代不容易在體外培養的成體肝臟細胞以供研究所需之外，對於肝炎及末期肝病十分盛行的台灣而言，等於開啟了一扇「肝細胞療法」大門。有些科學家已經在實驗室利用骨髓和臍帶血間質細胞，讓它們分化成肝細胞，比較這兩種細胞哪一種比較能夠修補損壞的肝臟。假以時日，說不定可以用來治療肝病。

　　透過顯微鏡看間葉基質細胞，可以看到它跟負責製造膠原蛋白的纖維細胞長得很像，呈中廣兩頭尖的梭形，在適當的培養環境下會形成純系群落。間葉基質細胞跟造血幹細胞有不同的細胞標記，以細胞的分化抗原作為細胞標記的例子來說明：為了方便起見，現在的分化抗原都是用字母 CD 加上一個編號來表示，目前已經發現有 300 多種分化抗原（CD）。如果針對分化抗原使用單株抗體來辨識，則造血幹細胞有一些分化抗原（如 CD34、CD45、CD14、CD31、CD133，圖 2-5）是間葉基質細胞所沒有的，而間葉基質細胞也自有特殊的分化抗原。這是很重要的差異，倘若要用機器（流式細胞儀）從骨髓細胞中分離出幹細胞來，就必須利用這些差異，給不同的細胞染上不同的螢光素，讓機器能夠辨識，以便成功分離出細胞來培養繁殖，供研究或治療之用（圖 2-6）。

　　間葉基質細胞是新興的再生醫學喜歡利用的對象。原因是它具備幾個胚胎幹細胞所沒有的特點：不必取自胚胎，從成體就可以取得，避免糾葛不清的倫理爭議；比較不容易變成癌細胞；以

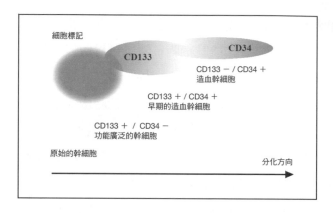

圖 2-5 造血幹細胞的細胞標記。原始的幹細胞逐漸分化以後，出現一種表面有
　　　CD133 蛋白的幹細胞，這種細胞以後可以分化成血球、血管、神經細胞
　　　等。然後細胞繼續分化，其中一部分往血球方向分化的幹細胞表面會出現
　　　CD34，CD133 則逐漸消失。因此 CD34 是造血幹細胞及更成熟的祖細胞
　　　的標記，可以利用這個標記作為選取細胞之用。

及其有限的分化方向。間葉基質細胞還有一種特異功能，就是異
體間葉基質細胞可以抑制異體移植引起的免疫排斥反應，這一點
特性已經讓它成為延長器官移植存活期的新希望。

　　除了骨髓之外，周邊血液、臍帶血、乳牙和關節囊膜都有間
葉基質細胞的蹤跡。由於間葉基質細胞是形成體內器官的要角，
這些地方存有間葉基質細胞給了我們一些提示。英國一個團隊曾
以小鼠做實驗，成功地讓小鼠長出新的牙齒。牙齒是很重要的器
官，但是全人類當中找不到幾個牙齒完全沒有問題的人。由於恆
牙不會再生，一旦痛起來，這顆牙幾乎就注定要用人工材質補綴
了，使用起來不如天然的牙齒方便。如果找到讓成人重新長出健

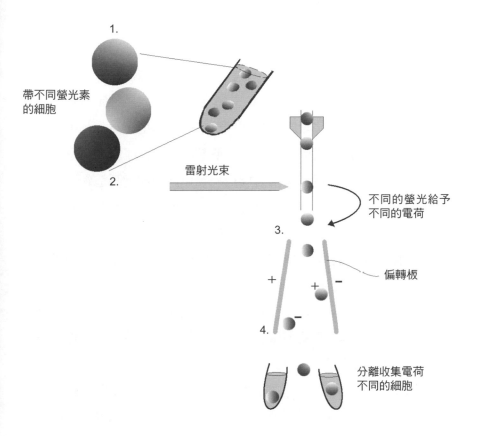

圖 2-6 自動進行細胞分類的儀器。1. 待測細胞依細胞特性染上不同的螢光色素後製成單細胞懸液液滴。 2. 以雷射作為發光源，被螢光染色的細胞在雷射光束照射下，產生散射光和激發螢光。散射光的強弱可以反映細胞的大小、形態及細胞質顆粒化的程度等。依螢光素的不同，用不同波長的光激發，可顯示不同的顏色，這些螢光信號就可以反應不同的細胞生物學特性。 3. 待測定細胞就分散在這些液滴之中。 4. 將這些螢光信號不同的液滴充以正負不同電荷，當液滴流經帶有幾千伏特的偏轉板時，在高壓電場的作用下偏轉，落入各自的收集容器中，未充電的液滴落入中間的廢液容器，細胞就這樣快速分類了。

康牙齒的方法，必定可以利益眾生。

牙齒形成的過程必須動用到胚胎期口腔上皮細胞和間葉基質細胞，其中上皮細胞會產生牙釉質，同時釋出調控物質，控制間葉基質細胞的一組同源匣基因。同源匣基因家族是帶領器官依正確位置發育的基因，牙齒的排列就是它們的作用。活化其中一個基因，牙胚就長成門牙，活化另一個基因，就長成臼齒，重要的是會長在適當的位置。未來若要用病患自己的細胞製造新牙，其中取得間葉基質細胞這一部分應該不難，但是成人沒有胚胎上皮細胞，必須另對想辦法找到替代來源。

間葉基質細胞還可以用來攜帶基因傳達或執行命令。全世界的基因療法至今已經實施上千例，其中成功的病例卻因為「轉基因」表達時限太短，只好每隔一段時間就進行一次工程浩大的基因療法。世界第一個基因療法的成功病例是一位重度複合性免疫不全的女孩狄席娃，於 1990 年基因療法成功至今，共實施了 6 次以上同樣的治療程序。這是很麻煩、很折騰的事。醫生轉移一個狄席娃所欠缺的基因到她的淋巴球內，這些淋巴球表達了轉基因，病情明顯改善。但是改造的淋巴球平均壽命不到 1 年，過了這個時限，就必須再治療一次。如果把轉基因放到幹細胞的基因體裡面，由於幹細胞可以長期存活及繁衍出新的細胞，或許治療一次就可以長期維持矯治的效果。

美國的神經外科醫師朗從人體取出間葉基質細胞，利用基因工程技術讓它製造大量的干擾素 β，這是一種可以殺死癌細胞

關於轉分化途徑

　　成體是指器官已經形成的個體，成體各種組織裡面可能都有少量的幹細胞，必要時可以負責修補它所蟄伏的組織。成體幹細胞的分化分為正常分化途徑與轉分化途徑。在生理狀況下，成體幹細胞循正常分化途徑演進，但是如果給予適當的環境因素，成體幹細胞會轉分化成遠處的組織。

　　正常分化途徑包括：造血幹細胞分化成紅血球、白血球、血小板。骨髓間質幹細胞分化成骨、軟骨、脂肪、結締組織。腦的神經幹細胞分化成神經元、星狀細胞（支持及分隔神經元的膠細胞）、寡突細胞（製造髓鞘的膠細胞）。消化道的表皮幹細胞分化成吸收的細胞和分泌的細胞。皮膚幹細胞分化成角質、毛囊、表皮細胞。

　　轉分化途徑則有以下這些例子：造血幹細胞轉分化成三種主要的腦細胞：神經元、星狀、寡突細胞。間葉基質細胞轉分化成心肌及骨骼肌細胞。腦的幹細胞轉分化成血球及骨骼肌細胞。

　　未來人類如果可以控制轉分化，就可以從健康組織取出成體幹細胞，轉分化成特化細胞，修補損壞的組織。

的蛋白。然後把基因改造的間葉基質細胞注入腦瘤模式的小鼠血管內，這些小鼠腦中已經事先植入人類腦瘤細胞。結果間葉基質細胞會移行到有癌細胞的部位，腦瘤生長受到阻礙，小鼠的壽命也明顯延長了。這是因為間葉基質細胞可以存活很久，而且它具有前往患病部位的本能。拿間葉基質細胞當作基因療法的載體細胞，似乎是可行的做法。

三、言之尚早的幹細胞醫療

除了行之有年的骨髓移植治療血液病以外，若要論及約 20 年來的幹細胞科學新進展，目前的幹細胞醫療可以說是還在黎明前的階段。幹細胞科學要進入臨床實用的障礙，主要在於質與量不足，以及安全性還沒確立。

幹細胞移植需要更優的質與量

幹細胞的一個醫療用途是幹細胞移植。幹細胞移植至今僅以骨髓移植為主，其他的許多嘗試大都未能進入臨床實用階段。胚胎幹細胞科學方興未艾，有太多爭議讓胚胎幹細胞研究無法真正邁出腳步。而且讓胚胎幹細胞分化成病患所需的細胞種類，必須保證它們的品質是功能良好、可以存活夠久、不會致癌的健康細胞，不是目前可以輕易辦到的。

使用成體幹細胞則有邏輯上的矛盾。譬如假使有人心肌梗塞，心臟其中一塊肌肉壞死，這時候要拿他的「心肌幹細胞」來做細胞治療是不可行的。因為即使有心肌幹細胞，也是在心臟

裡，根本不可能取得。其他器官也是一樣。除非拿別人的，或是取自流產胎兒的成體幹細胞。但是這樣一來，又會出現組織相容與否的問題。

雖然成體幹細胞當中的間葉基質細胞有許多令人刮目相看的特性，但是也有應用上的嚴重不便，最主要的不便就是數量有限。新生兒的骨髓裡，大約 1 萬個有核細胞當中有 1 個是間葉基質細胞；到了 10 歲，減少到 10 萬個當中有 1 個；50 歲時大約 50 萬個中有 1 個；80 歲的人則一兩百萬個有核細胞才有一個間葉基質細胞。數量少這個問題非常麻煩，因為細胞療法常要用到數以「億」計的大量細胞。如果從病患身上只能取得寥寥幾個細胞，就算有細胞技術高手負責繁殖這些間葉基質細胞，最快也要 24 到 48 小時才能增加一倍，這樣的速度通常緩不濟急。若要從 100 毫升的骨髓中抽取間葉基質細胞來治療心肌梗塞，可能得花 3 個星期來繁殖，才能得到最起碼的 1 億個細胞，但是這時候早已錯過細胞治療的黃金時期了。

所以實情是，幹細胞很好，但是要利用幹細胞來治療疾病，需要更優的質與量，目前言之尚早。

人造組織與人造器官需要哪些條件？

既然已經有幾個辦法可以培養多能性幹細胞，為什麼科學家還不能利用幹細胞在實驗室製造各種器官或是組織？回答這個問題以前，我們先看看，製造人造器官需要哪些條件？

首先，科學家必須知道哪一種幹細胞可以發育成所需要的器官。是胚胎幹細胞？還是成體幹細胞？胚胎幹細胞有比較大的分化潛能，比較好繁殖、操控。但是成人已經不再是胚胎，只能從別的胚胎取得胚胎幹細胞，只是這樣做會招致殺害胚胎的指控，而且取自別的胚胎的細胞有組織型相容不相容的問題，不一定適用。另外，成體幹細胞（倘若真的有腎臟幹細胞或是心臟幹細胞）能分化成器官嗎？從哪裡取得？老實說，這些問題至今都還沒有明確的答案。

其次，取到幹細胞後，必須讓它在實驗室裡生長、增殖。要供應哪些特定的營養或化學成分？需要其他細胞幫忙嗎？從哪裡取得輔助細胞？病患有護理師醫護療傷，幼童有老師幫忙成長，人體也一樣，神經細胞有膠細胞支持長出軸突，血球幹細胞則有基質細胞輔助獲得營養與分化的指令。幹細胞要複製成許多細胞及分化、整合成一個器官或是一種組織，也需要輔助細胞，就像建築材料需要經過建築工人的手才會變成一棟房子一樣。但是控制或取得這些輔助細胞，並不比操作幹細胞容易。

再來，由少量的幹細胞增殖到大量成熟細胞的過程，科學家要如何讓器官成形？構成器官的細胞必須精密排列在結締組織或是複合材料構成的三維鷹架上，還需要架設循環系統、神經系統等管線，才能形成具備生理功能的複雜構造，比起建造一棟摩天大廈複雜許多。在生物體內，器官成形的過程有 DNA、必要的輔助細胞、適合的營養素、信息指令等等聯手參與。實驗室製造

成體幹細胞等待解決的基本問題

- 成體幹細胞究竟有幾種？它們究竟躲在組織的什麼地方？
- 成體幹細胞的來源究竟是什麼？它們是殘存的胚胎幹細胞或另有來源？
- 為什麼周遭的細胞都是已分化的細胞，它們還能維持不分化？
- 成體幹細胞自然就可以轉分化成別種組織細胞，還是在實驗室裡人為操縱才轉分化？
- 成體幹細胞的轉分化是藉什麼樣的信號來控制？
- 可能讓成體幹細胞足量增殖供移植之用嗎？
- 有沒有一種成體幹細胞可以分化成所有的組織細胞？
- 是什麼因素讓成體幹細胞移行到需要修補的地方？

器官除了備妥這些條件，另外還要搭設鷹架，以及指引血管、外分泌腺管道、甚至神經系統參與構築新器官，這些工程都不是目前辦得到的。

目前的幹細胞技術還不足以在實驗室製造人體器官。除非立即需要一個新器官取代壞掉的器官，否則讓幹細胞在人體的微環境裡面，利用現成的建築工人（輔助細胞）、鷹架、營養素、信息等等修補器官，終究才是真正可行的辦法。

今日的幹細胞醫療

臨床上的骨髓移植，目前已經是普遍進行的醫療了。利用骨髓移植治療輻射過量造成的骨髓衰竭、白血病、癌症、各種血

液疾病、代謝疾病，都是行之有年的療法，也是少數可以臨床使用、不再是實驗性質的幹細胞療法。

從 1980 年代至今 30 幾年來，骨髓移植漸漸普遍，全世界實施骨髓移植的病例數快速增加。台灣地區骨髓移植從 1983 年開始，迄 2018 年底已累積 7267 例。骨髓移植適用疾病的範圍，已經由最早的白血病、造血功能衰竭、先天性免疫不全，擴及到目前淋巴瘤、骨髓瘤、乳癌，甚至代謝疾病。近年來，醫界更積極開發各種癌症如腎臟癌、鼻咽癌等固態腫瘤的移植免疫療法。

骨髓移植跟治療癌症有什麼關係？以白血病作為例子，這是一種白血球的癌症。骨髓裡的造血幹細胞分化成各式血球，其中的白血球進入血流中成熟以後，執行排除入侵的微生物或是清掃毀壞細胞的任務。萬一有個早期白血球的 DNA 出了問題，細胞生長或分化失去控制，就可能造成白血病。白血病患者的骨髓被大量沒有功能的白血球癌細胞佔據，讓造血工廠停擺。這時唯有清除癌細胞，病人才能存活下來。但是如果利用化學療法——宛如大規模毀滅性生化武器，及放射療法——與原子彈無異，清除骨髓裡的癌細胞，不可避免的，正常的造血幹細胞也會遭到破壞，所以要進行造血幹細胞移植。如果移植成功，組織相容的造血幹細胞進駐骨髓腔，可以製造新的、健康的血球。

造血幹細胞主要棲身於骨髓，周邊血也有少數的造血幹細胞。就像骨髓造血幹細胞一樣，周邊血幹細胞也可以製造各種血球。此外，嬰兒出生之後臍帶就沒有用了，以往都是直接拋棄銷

毀。但是臍帶血富含幹細胞，跟骨髓幹細胞有相同用途，善加保存可以廢物利用。比起骨髓或周邊血幹細胞，臍帶血比較不成熟，細胞表面還沒有建立足以被宿主辨識的標記，所以比較不會被排斥。另外，稚嫩的臍帶血也比較不會辨識宿主細胞，比較不會攻擊宿主細胞。這些特點使臍帶血成為幹細胞移植極佳的來源。

縱使幹細胞具備齊天大聖一般的變身術、複製術，但是今日的幹細胞醫療，說穿了也僅限於造血幹細胞移植。移植的來源絕大部分是別人的幹細胞，因此移植之後無可避免都要長期服用抗排斥藥物。由於抗排斥藥物是免疫抑制劑，有不少歷經血癌、放化療、骨髓移植折騰的人，後來卻因為免疫抑制劑的關係造成嚴重感染，甚至不治，這正是今日幹細胞醫療的窘況。

明日的幹細胞醫療

科學家必須想辦法讓幹細胞療法效果好一點、危險性低一點、實施治療時的侵犯性少一點。

目前幹細胞療法以使用他人的骨髓幹細胞為主，因此存在著排斥的問題，包括捐贈的細胞被病患的免疫系統辨識出來而毀滅，或是捐贈的白血球對病患的細胞發動攻擊。這些都是棘手的問題。為了抑制排斥，病患接受幹細胞療法之後，可能必須終身服用免疫抑制劑，代價是肝、腎受損以及對傳染病的抵抗力降低。

明日的幹細胞療法可能會轉向儘量利用自己的幹細胞。在實驗室大量增殖自體幹細胞，或是利用自體幹細胞製造自體組織的

組織工程技術，以自體幹細胞或自體組織達到修補目標。由於白血病患者的骨髓常常已經被癌細胞侵犯，在這種情況下，自體骨髓向來無法使用。現在細胞分類工具越來越敏銳，可以做到在 1 萬個分類出來的細胞中只可能發生 1 個錯誤。日後如果分類工具的精密度更高，能夠徹底分清楚骨髓中的正常細胞和癌細胞，就有可能利用自體幹細胞，補給被癌症、化學療法、放射療法等破壞的骨髓。

另一個方法是利用核轉移技術製造多能幹細胞，這樣製造出來的細胞具有跟病患一樣的遺傳物質組成，所以沒有排斥的問題。目前還沒有科學家製作出核轉移人類幹細胞，而且核轉移技術需要抽取捐贈者的卵子，這道手續會讓捐贈者極不舒服，取得不易。加上取得幹細胞的過程需破壞囊胚，有倫理的爭議。排除這些障礙之後，量身訂做的幹細胞醫療才可能實現。

細胞移植畢竟是侵犯性很高的治療，但是如果利用藥物激發原本就蟄伏在體內的幹細胞，喚醒它們，讓它們採取修補動作，就沒什麼侵犯性了。由於幹細胞科學的進展，現在已漸漸知道哪些藥物可以激發幹細胞，這也是最方便的策略。例如治療高血脂症的他汀類藥物，這是一種非常普遍的藥，據美國統計，大約每 10 個美國人就有 1 個服用這種藥。他汀降低血脂肪的效果非常好，而且在防止高血脂的併發症，如心肌梗塞、中風等，也有確定的效果。2005 年，美國進行一項研究，分別給健康的豬或心肌梗塞的豬用 1 個月的他汀，對照組則沒有服用，實驗結果顯

示，無論是健康豬或是心肌梗塞豬，有服藥的豬心臟裡面幹細胞和新生心肌細胞的量多於沒有服藥的豬，並且高出 10 倍之多。這個研究給了我們新的啟示，就是幹細胞科學可能擴展了藥物的用途，不管老藥還是新藥，以後可能只要簡單吃個藥就會提升我們身體裡面的幹細胞功能（圖 2-7）。

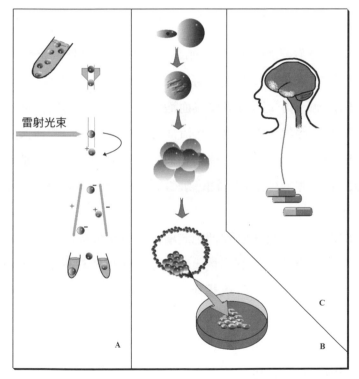

圖 2-7 明日的幹細胞醫療：A. 利用更精密的細胞分類儀器，分離出病患自己體內的幹細胞來使用。 B. 利用體細胞核轉移技術，製作遺傳特性跟病患一樣的細胞，做進一步的利用。 C. 利用藥物增進病患體內的幹細胞活動，達到幹細胞醫療的目的。

四、台灣骨髓資料庫

骨髓位於身體骨頭內，如頭骨、胸骨、肋骨、脊椎骨及骨盆。骨髓在骨頭內像潮濕的海綿，負責製造血液裡面各種細胞。罹患白血病、再生障礙貧血等血液病的人，骨髓功能出問題，會出現貧血、發熱、細菌感染和流血不止的症狀。這些血液病不一定用藥物就可以根治，往往必須找到合適的捐髓者，移植正常的骨髓到病患體內，讓新骨髓進駐骨頭內的海綿樣組織，生產正常的血球。

白血病是因為造血幹細胞的增殖、分化失控所造成。以往只能利用化學療法來緩解病情，事實上，化學療法只能消滅 99.9% 的血癌細胞，但是「野火燒不盡，春風吹又生」，殘餘的癌細胞將來仍然很可能復甦。從 1955 年開始，美國的托瑪斯醫師投入骨髓移植研究，他發現異體骨髓移植可以治療血癌，從此開展了血液學治療的新方向。

在骨髓移植的過程中，首先要對病人的免疫、造血系統實施焦土政策。由於血癌是造血幹細胞基因異常所造成，治療時，以

極高劑量的化學治療加上全身的放射治療，不分好壞徹底清除骨髓中的細胞。然後把健康、正常的骨髓經由輸血的方式輸入病人體內。移植進去的異體骨髓可以在病患體內再生，發展出一套嶄新的血液及免疫系統，達到治癒的目的。

骨髓移植的關鍵——白血球抗原

　　骨髓移植大幅提高了白血病的存活率，但是由於可能產生排斥問題，因此捐髓者僅限於組織相容的近親。1982 年前後，美國醫界偶然發現，只要組織相容，非血緣之間的骨髓移植效果也相當不錯，於是有了世界第一例非血緣之間的異體骨髓移植。1986 至 1987 年間，歐美各先進國家先後發起成立骨髓庫，也就是骨髓捐贈志願者的資料中心，號召社會善心人士志願捐髓。

　　還有一種骨髓移植是利用病患自己的骨髓，稱為「自體骨髓移植」。自體骨髓移植主要適用於癌細胞尚未擴散到骨髓的癌症患者，例如早期的神經母細胞瘤及淋巴瘤患者。這些病患需要接受大劑量的化療和放射治療，治療時會破壞骨髓細胞，所以可以先抽取骨髓冷凍保存，等病患完成高劑量化療和放射治療之後，再將自體骨髓輸回體內，這種做法當然沒有排斥問題。

　　輸血時必須先驗血型。血型是紅血球抗原型，分為 A、B、AB、O 型四種。而器官移植時則還要看白血球抗原型（HLA），也就是白血球的血型。在造血幹細胞移植時，就算紅血球不是同一個血型，只要白血球相容，還是可以移植，只是成功機會差一

點，以後比較可能溶血。這一特性跟臟器移植不一樣，臟器移植時，紅血球跟白血球抗原型都要相容。

「異體骨髓移植」指的是從另一個白血球抗原型相容的人抽取骨髓做骨髓移植。由於常見的白血球抗原型就有好幾百種，在茫茫人海之中，要尋找相配的捐贈者實在很不容易（圖 2-8）。

異體骨髓移植成功與否最大的關鍵在於捐贈者和接受者白血球抗原型是否互相吻合，若兩者無法吻合，身體會出現排斥現象。排斥可分為兩大類：第一類是宿主對抗移植物，接受移植的人體無法接受所移植的骨髓；第二類是移植物對抗宿主，植入的造血幹細胞已經順利著床，但是新生的白血球卻反過來對接受者原有的組織產生排斥反應。病患接受骨髓移植以後，若出現移植物對抗宿主反應，這時捐贈者的白血球宛如被遺忘的藍波，在病患體內闖蕩，引發肝炎、腹瀉、皮膚出疹、發燒，嚴重時甚至會造成死亡。

植入的骨髓是否能順利著床，並且與宿主的細胞和平共存，關鍵就在於捐贈者和接受者之間白血球抗原型相合的程度。白血球抗原型是由位於第 6 號染色體的一系列基因所決定，這一系列基因分為 A、C、B、D（ DR、DQ、DP）等基因座，每組基因座有幾十種或幾百種版本，因此有十分複雜的多樣性。在移植中各白血球抗原基因相容的重要性，依次為 DR、B、A 這 3 組基因座，其他的白血球抗原基因也會影響移植成功率，但是影響比較小，大部分的移植中心暫時不把其他基因座列入比對。由於我們的體

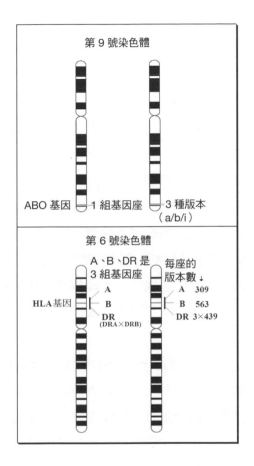

圖 2-8 決定 ABO 血型的基因只有 1 組基因座，3 種基因型，兩條染色體即構成 4 種血型：a/b/i × a/b/i ＝ aa，ai（A 型）bb，bi（B 型）ab（AB 型）ii （O 型）這是最不複雜的抗原型。組織相容抗原就沒這麼簡單了：組織相 容抗原當中與組織排斥最有關的至少有 3 組基因座（HLA-A、B、DR）， 每 1 組基因座各有幾百種基因型版本。就像每個人拿著 2 串糖葫蘆，每 串有 3 粒，每 1 粒有數百種選擇。這一來，要在人群中找到一個人跟自 己拿著一模一樣的兩串糖葫蘆的機會就非常小了。因此必須建立器官捐 贈者的組織相容抗原資料庫，記錄捐贈者那兩串糖葫蘆的特性，等到有 人需要的時候，就可以在資料庫裡面尋找適當的配對。

細胞有兩套染色體,一套有 3 組基因座要比對,兩套就有 6 組基因座與移植的成敗息息相關。

這 6 組基因座,就像公益彩券上的 6 個號碼,如果你手上有一張公益彩券,要找到另一個人握有號碼完全相同的彩券,機率有多少?在骨髓移植中,為了預防嚴重的移植物抗宿主反應,一般會要求選擇白血球抗原型完全相同的人捐贈。幸好白血球抗原型有常見、少見、罕見之分。常見的分型——也許就像彩券的明牌,在 300 到 500 人之間就可以找到一個相同的人。少見的分型則可能 10 萬人當中才找到一個相同的。而罕見的白血球抗原型更要在幾十萬的人群中尋找了。血緣越近,找到相容的機會越大。外國人的基因跟我們的基因不常流通,自然更不容易找到相容的機會。

要突破配對不易的難題,唯一的解決之道就是成立白血球抗原資料庫。如果資料庫夠大,擁有許多志願者的白血球抗原資料,一旦有人需要用到骨髓時,只要進資料庫尋找,很快就可以找到配對成功的人。許多先進國家都有這種資料庫,因此就算找不到,也可以從其他國家的資料庫尋找。作為地球村的一員,我們沒有自外於這項意義重大的雪中送炭善舉。

嘉惠世人的台灣骨髓資料庫

1983 年,一位罹患白血病的留學生溫小姐,回來台灣尋求骨髓配對。當時台灣法令限制骨髓移植必須在三等親以內尋求捐

贈，立意是防止有人販賣器官。為了改變跟不上時代的法律，溫
小姐挺身呼籲，終於促成立法院通過開放非親屬間的骨髓捐贈。
但是要打開捐髓風氣是一件艱難的任務，成立及維持骨髓資料庫
都必須耗費龐大的資金，因此醫界人士公推具公信力及號召力的
慈濟基金會來統籌骨髓資料庫事宜。

　　慈濟義無反顧承擔起捐髓救人的重責大任，於 1993 年 10 月
成立「慈濟骨髓捐贈中心」，2002 年更名為「慈濟骨髓幹細胞中
心」。在慈濟全力宣導下，許多民眾紛紛加入骨髓捐贈志願者的
行列。累計志願者超過 43 萬筆，並成就了骨髓與周邊血幹細胞
移植 31 國 5378 例，及臍帶血移植 11 國 68 例，受贈者遍及中
國、日本、美國等幾十個國家。

　　位於花蓮的幹細胞中心名聞遐邇，更是中國大陸人民熟悉的
機構。1997 年 4 月 18 日，捐贈中心人員帶著低溫保存的骨髓，
從臺灣飛抵北京，運送這些骨髓給罹患白血病的 17 歲青年劉金
權，他是第一位接受台灣骨髓的中國大陸患者。從 1997 至 2019
年 6 月底，已經有 2293 例中國大陸的白血病患利用在台灣找到
的組織相容骨髓，獲得重生的機會，是受贈人數最高的國家，其
次才是有 2151 例的台灣。

　　台灣需要骨髓移植的病患中，有 25% 可以從慈濟骨髓庫找
到捐贈者。慈濟骨髓中心在亞洲和全世界扮演著重要角色，亞洲
其他國家的病患若在自己國家找不到配對者，會到慈濟骨髓庫尋
求協助。目前為止，慈濟骨髓庫共接受約 5 萬多筆來自世界各地

病患的配對申請，整體成功率約 8%，但各地配對成功率仍有不同。以中國大陸來說，因為台灣很多居民與大陸南方血緣相近，大陸南方的病患就比北方的容易成功。

近年來，中國大陸在骨髓移植方面的腳步也急起直追。2003年以來，中華骨髓庫的建設得到國家彩券公益金的支援。目前全國有 31 個省級分庫、認定了 29 個組織配型實驗室、7 個高分辨實驗室和 1 個質量控制實驗室。可用於為患者檢索服務的白血球抗原型資料 129 萬多筆，造血幹細胞捐獻達 7 千多例，是全球最大的華人骨髓資料庫。

慈濟骨髓捐贈中心於 1997 年設立免疫基因實驗室，並且投入龐大的人力與資金。這個實驗室的任務是要提升國內白血球抗原型的檢驗水準；目前每年檢驗量已經超過兩萬筆，是亞洲最大的免疫基因實驗室。

為了維持營運，慈濟基金會每年提供 4 千 5 百萬元的資金予骨髓幹細胞中心，用於提升臨床研究、臍帶血及骨髓配對水準。另外每年還提供 5 百萬元作為配對患者的醫療補助金，減輕病患家屬負擔。

慈濟播下的這些慈悲濟世的種子，一定會像幹細胞一般繁衍。不僅讓國人得到再生的機會，也讓世人分享再生的喜悅。

骨髓捐贈的常見問題

問：捐髓會影響健康嗎？

答：不會。骨髓具天生的再生能力，移植過程大約只抽取捐髓者全身 2% 到 5% 的造血幹細胞，因此幾乎不會減弱免疫力與造血能力；通常 10 天左右就會自然重新補回捐出的骨髓。

問：捐髓有危險嗎？

答：骨髓移植手術必須由衛生署指定的醫學中心進行，並且由醫師在麻醉師配合下小心進行；一般來說，除了少數對麻醉劑過敏的人以外，發生危險的機會微乎其微。

問：捐髓會很痛嗎？

答：因為有麻醉，抽髓的時候不會痛苦。麻醉醒來後，抽髓的腸骨部位會感覺酸痛，服用止痛藥就可以控制。大多數人的疼痛在第 2 天就減輕很多，只有非常少數會持續幾天，但那種疼痛與患者無法獲得移植機會的絕望是不能相比的。

問：一旦配對成功的志願者，可以隨時說「不」嗎？

答：對每一個人來說，決定參與骨髓捐贈，是十分慎重的事。當志願者經由了解、認同、進一步參與捐髓驗血活動，便已經身為這座希望工程的建造者。當資料中心通知志願者與某位患者配對成功，請求志願者援助，可能有許多理由可以讓志願者說「不」——這些理由包括：健康情形不佳、時間無法配合、或顧慮危險等。當然志願者有再次考慮的機會，但是對病患來說，志願者的反悔就像熄掉一盞希望明燈一樣殘忍。

問：如何成為快樂捐髓者？

答：(1) 年滿 17 歲至 45 歲，身體健康，確實了解骨髓捐贈。

(2) 慈濟在全省各地舉辦捐髓驗血活動時，前往登記並填寫捐贈

同意書。

(3) 在現場經由手臂抽取 10 毫升血液後（不是抽髓），就可以回家了。

(4) 血液將送往慈濟免疫基因實驗室做白血球抗原型檢驗。

(5) 志願者的基本資料及白血球抗原型檢驗結果會輸入電腦存檔。

(6) 資料中心隨時提供全球待髓病患的查詢配對服務，如果有配對相符的，中心將與志願者聯繫，做更進一步的周密檢查。

(7) 確定捐受雙方的白血球抗原型相符，且捐贈者通過身體檢查之後，才可以進行受髓者移植，中心會聯繫移植醫院，為救命行動展開準備。

3 小豆子的塊肉餘生記
——你要保留寶寶的臍帶血嗎？

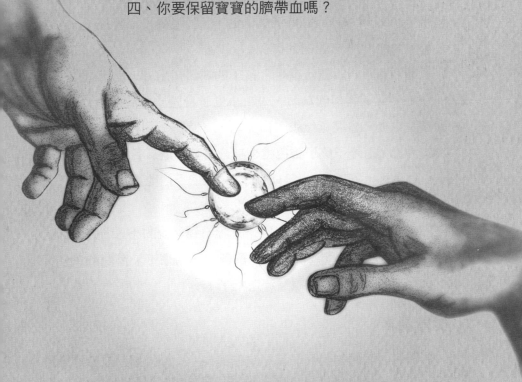

一、小豆子的塊肉餘生記

這裡要引述的是一則匿名的真實故事。根據《河南日報》的報導，2005 年 10 月 16 日清晨 4 點半，一名男子抱著孩子——小豆子，匆匆來到一家醫院求診。

這名男子告訴值班醫生，孩子的媽媽在南方，他帶著孩子在外打工，父子倆相依為命……。小豆子身體十分虛弱，5 個月前到醫院檢查，發現竟然患了白血病，一時籌不到錢，沒有接受特別的治療。這陣子孩子臉色越來越蒼白，於是慕名到這裡求醫。

醫生馬上安排小豆子住院。父親依依不捨地親了親兒子：「爸爸去辦住院手續，給你買點東西吃。」

到了中午，還不見爸爸回來，等不到父親的小豆子在病床上不停地哭喚：「爸爸，快回來！爸爸，快回來！」醫院的工作人員心裡都很清楚，孩子被父親遺棄了！

愛如潮水

罹患白血病的小豆子被遺棄的消息一見報，醫院立刻湧進許

多關懷。許多人紛紛探詢：小豆子病情會好嗎？需要多少醫療費用？他的父母哪裡去了？血液科主任解釋：「小豆子罹患的是急性淋巴白血病，五到七成的病童有治癒的機會，費用大約需要 10 萬到 20 萬元人民幣。身為家長，不應該一走了之。」

　　隔天一位小學老師率先來到醫院探望小豆子，除了為小豆子打氣，還留下 2 千元人民幣。她的學生們也湊了 8 百多元的零用錢，還精心製作一些玩具、慰問卡等慰問小豆子。雖然擾攘，卻讓整個社會頓時溫暖起來。網民七嘴八舌地討論，一方面責備小豆子的父母，一方面透過紅十字會迅速湊齊 20 萬人民幣。

　　10 天後，小豆子的父親終於出面了。小豆子的爸爸在一個建築工地打工，被找到的時候，當場就哭了：「離開孩子的每一刻，我都在想他，但家庭貧困無法挽救他，除了把他放到醫院裡，沒別的辦法。」由於家裡經濟拮据，加上夫妻離異，沒辦法好好照顧小豆子。每個月 8 百元人民幣的收入，都是靠自己一個人在建築工地打工攢來的。自從小豆子診斷出白血病以來，已經花了兩萬多塊，再也沒能力讓小豆子獲得適當的醫療。不得已，只好出此下策。

　　小豆子看到爸爸回來了，當場放聲大哭，一隻手緊緊拉著爸爸的衣角，一隻手不停地捶著滿面淚水的爸爸。這一幕令在場的人不勝心酸。當天下午小豆子的爸爸在「化療同意治療書」和「患者授權委託書」簽了字。10 月 28 日，小豆子開始接受化療。主治醫師說明，小豆子要先接受兩個療程的化療，每個療程為期

一個月，兩個月之後再決定下一步的治療方案，方案包括繼續化
療（如果化療效果不錯）或是進行幹細胞移植（如果找得到組織
相容的幹細胞來源）（圖 3-1）。

可能是突然見到爸爸後情緒激動，加上癌細胞已經占據了
骨髓腔，骨髓無法正常製造血小板，夜裡小豆子突然發生大口吐
血、血便症狀，情況非常危急。救治過程中，小豆子拉著爸爸的
手貼在他的小臉上，口中不停呼喚著媽媽。一般接受化療期間的
幼童，都會希望爸媽能陪在身邊。為了幫助小豆子度過難關，在

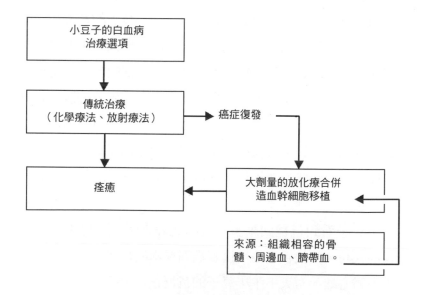

圖 3-1 兒童白血病傳統放化療治癒率高，通常在復發時才要移植造血幹細胞。成
　　　人白血病治癒率低，因此放化療之後就接著做造血幹細胞移植。

得知媽媽是喜歡上網聊天的年輕人後，河南報業網聯繫透過網路
展開人肉搜索。

尋找造血幹細胞

　　負責治療小豆子的醫師跟小豆子一樣急著試圖找到媽媽，院
方的急切是出於考慮到必須幫小豆子預備移植用的造血幹細胞。
如果小豆子有同卵雙胞胎兄弟，因為他們的遺傳組成是完全一樣
的，因此同卵雙胞胎的骨髓會是最好的幹細胞來源，但是小豆子
沒有同卵雙胞胎兄弟。其次是同父同母的手足：由於染色體的來
源一半來自父親，一半來自母親，每一個人有兩套染色體，因
此，就組織抗原的基因來講，小豆子跟每一個兄弟姐妹相同的機
會是四分之一，不過小豆子也沒有親手足。因此再退而求其次，
爸爸或媽媽是小豆子血緣最近的人，也許有組織相容的機會（圖
3-2）。當然，除了父、母配型，血緣越接近的近親，越有相容的
可能，而各國的骨髓或臍帶血幹細胞中心也都可能幫得上忙。

　　除了這幾種方式，還有一個辦法，就是夫妻復合，利用試管
嬰兒技術挑選一個白血球抗原型完全相容的胚胎來孕育，等到生
產時取得臍帶血作為幹細胞移植的來源。為了挽救小豆子而訂製
一個小生命，固然是件好事，但是從另一個角度看，對於這個新
生命來說，為了挽救哥哥而生，一出世就面臨離異的父母，無疑
太殘酷了。

　　11 月 7 日，小豆子的媽媽終於出面。她在隔離病房外看見自

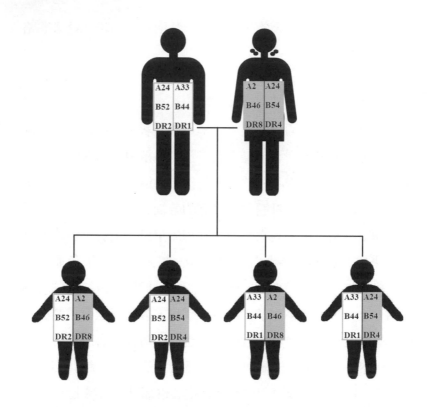

圖 3-2 由於每一個人有兩套染色體，因此有兩組 HLA 基因。父、母各提供一組
　　　 基因給小孩，這樣就產生四種可能的組合。因此每一個親手足 HLA 組合
　　　 與自己相同的機會是 1/2 × 1/2 = 1/4。

己的孩子正在病榻上接受化療，眼淚撲簌簌地流下。

　　據流行病學統計，中國每年新增約 4 萬名白血病患者，其中
40% 是兒童，以 2 到 7 歲兒童居多。這個年齡正是無憂無慮、盡
情玩耍的時候，患了白血病的孩子卻再也快樂不起來。如果及時

給白血病病患施行化學療法及放射療法，治癒的機率很高，尤其是兒童期的急性淋巴性白血病，治癒機率可達七、八成。若不幸在治療過後一段時間白血病復發，就必須進行造血幹細胞移植。至於成人的白血病幾乎都會復發，所以通常在第一次化療後，就會實施造血幹細胞移植。

小豆子的主治醫師說：「利用試管嬰兒技術挑選組織相容的胚胎，孕育出一個新生兒，在臍帶血型完全吻合的情況下，移植給小豆子是最佳選擇。已經有醫學證明，這種臍帶血移植的成功率最高。」（圖 3-3）

臍帶血的用途是 20 世紀晚期的新發現。臍帶血中含有豐富的造血幹細胞，這些幹細胞可以治療多種血液系統疾病，包括血癌、血紅素病、骨髓造血功能衰竭、先天代謝疾病、免疫疾病及某些固態腫瘤。臍帶血中所含的造血幹細胞比例高於成人骨髓及周邊血，可以用來替代骨髓進行造血幹細胞移植。如果能夠大量蒐集臍帶血，建立臍帶血庫，一旦有人不幸罹患和小豆子同樣的重症需要移植造血幹細胞時，就除了骨髓庫之外，還可以在臍帶血庫中尋找組織相容的幹細胞，重獲新生。慈濟骨髓幹細胞中心儲存的 2 萬 7 千 260 份臍帶血，至 2019 年移植案例共 11 國 108例。

臍帶血是什麼？它的用途何在？父母到底需不需要花錢儲存孩子的臍帶血以備未來使用？這一章會探討這些問題。

1. 取病患父母的精子和
　 卵子，利用試管嬰兒
　 技術製造受精卵。

2. 受精卵開始卵裂。

3. 取一顆卵裂初期的細胞檢
　 驗基因，其餘的細胞可以
　 繼續正常發育成胚胎。

送檢，選出跟病
患具備相同組織
相容抗原的胚
胎，讓它著床。

4. 選好適當的早期胚胎
　 後，讓它繼續發育。

5. 等待胎兒產出，就有適
　 合病患使用的臍帶血了。

圖 3-3 結合試管嬰兒技術、DNA 檢驗技術、細胞實驗室操作，與幹細胞科學，
　　　 可以量身訂做臍帶血，救治罹患絕症的病患。

二、臍帶血、臍帶、羊水的幹細胞

　　臍帶血是指嬰兒斷臍之後、胎盤產出之前，從臍帶收集到的血液（圖 3-4）。臍帶有三條血管：一條靜脈兩條動脈。胎兒的心臟會推送血液到胎盤，把自己產生的廢物、二氧化碳等透過胎盤輸送給母親，交由母親處理並排出體外，來自母親的營養素、氧氣等，也會透過胎盤供給胎兒。

　　在嬰兒呱呱墜地那一刻，肺部張開以後，就要開始靠自己呼吸、進食、處理代謝產物了，因此臍帶一切斷，胎盤就失去用處了。緊接著迎接新生命的喜悅，產婦還要繼續生產的第二個動作：產出胎盤。胎盤是一個大約半公斤重、紫紅色的餅狀物體，摸起來像是吸滿水的海綿，通常在嬰兒出生後十幾分鐘產下。有些動物會吃下新鮮的胎盤，推斷是為了回收養分。中藥紫河車是經過乾燥的人類胎盤，有補氣養血的功能。但是絕大多數的胎盤是被當做醫療廢棄物處理。

細胞種子

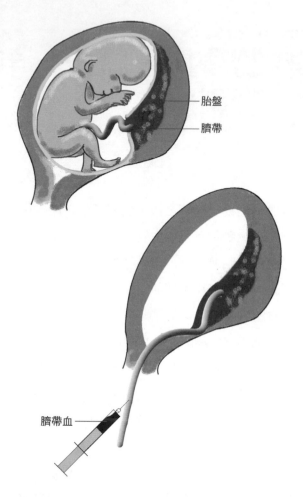

胎盤

臍帶

臍帶血

圖 3-4 很多當爸爸的人不知道生產有二部曲：首先產生胎兒，初為人父的人就高
　　　興到昏頭了，卻不知道產婦過一會兒還得產出胎盤。胎盤像吸盤一樣，吸
　　　附在母體的子宮內壁，吸取養分和排出代謝產物，而臍帶則是胎兒和胎盤
　　　之間的高速公路，專供運送物資的血液往返。以往在胎兒產出後胎盤和其
　　　中的血液就沒有用處了，如今因為可以利用臍帶血（也就是胎盤血）中的
　　　大量幹細胞治療疾病，讓臍帶血受到重視。

臍帶血幹細胞

直到 1980 年代，科學家才發現臍帶血含有大量幹細胞。法國一名 5 歲小男孩罹患了可能致死的遺傳性貧血，醫生利用他妹妹的臍帶血治癒他的疾病，從此臍帶血成為極有價值的東西。1990 年，美國一名罹患慢性髓性白血病的 4 歲男孩，原本估計只有 1 年可活，在接受妹妹的臍帶血——白血球抗原型相同但血型不同——移植之後，治癒了他的絕症。台灣也於 1995 年完成首例臍帶血移植，兒童血液病權威林凱信醫師，以此種方法成功治療了一名先天代謝異常病童（黏多醣寶寶）。

臍帶血含有大量的造血幹細胞和間葉基質細胞，它的用途類似於骨髓幹細胞移植。主要用來治療血液系統疾病、某些代謝疾病等。也可以用來補充被破壞的骨髓，例如癌症患者在接受大量放射治療和化療廓清癌細胞後，或是受到核爆侵害的骨髓衰竭，都可以考慮使用。

科學家發現，臍帶血中含有間葉基質細胞，這些細胞和骨髓裡的基質細胞在實驗室都可以分化出骨、軟骨、脂肪細胞。臍帶血的基質細胞更具有分化成類似神經膠細胞和肝細胞的能力，表示臍帶血基質細胞可能比骨髓基質細胞更原始、更具分化的潛力。

臍帶血是嬰兒出生斷臍後、胎盤還沒從母體排出前，經由垂在母體外的臍帶採集。嚴格說來，以採集胎盤血為主。一份胎盤大約可以採集 100 毫升左右鮮紅的血液，過濾掉紅血球之後，

約可得到 20 毫升的有核細胞，幹細胞就在裡面。這一管細胞要加上抗凍劑，保存於低於攝氏零下 180 度的液態氮低溫。可以保存多久？醫學研究證明，在這種低溫條件下保存 100 多年的細胞（但不是臍帶血）仍有活性。目前的骨髓幹細胞儲存已有約 40 年的歷史；最近臍帶血庫的研究報告顯示，保存 15 年的臍帶血幹細胞仍然能夠維持移植活性。

臍帶幹細胞

　　近年商業臍帶血銀行開始鼓勵儲存臍帶。臍帶是胎兒跟胎盤之間的管道，主要構造是兩條動脈和一條靜脈，包覆在一種膠質裡面。這個膠質叫做華通膠，華通是命名者自己的名字。膠質的主要成分是黏多醣，有保護血管的功能。科學家發現，在胚胎早期，多能性幹細胞移行經過原始的臍帶，發育成為胚肝，移行的過程有些幹細胞就留置在臍帶的華通膠裡面。

　　臍帶的華通膠裡面的幹細胞是原始間葉基質細胞。目前的研究發現，這種幹細胞可以分化成骨、心肌、神經細胞等等。

　　有些商業臍帶血銀行除了幫客戶儲存臍帶血，也鼓勵儲存臍帶。儲存臍帶的費用通常不低於儲存臍帶血。問題是，華通膠間葉基質細胞還沒有臨床應用的實例，不像臍帶血已經可以拿來當作骨髓幹細胞的部分代用品。以目前的知識而言，投入比儲存臍帶血更昂貴的金錢，儲存不是無可替代的臍帶，恐怕不是一件划算的事。

羊水幹細胞

嬰兒出生的副產品當中，除了臍帶血跟臍帶華通膠裡頭有幹細胞，羊水也有幹細胞。

羊水是發育中的胎兒在子宮內的襯墊。為了檢驗胎兒是否有先天疾病，尤其是染色體異常疾病，有些人需要在懷孕進入中期時做羊水穿刺，檢查羊水中的胎兒細胞。羊水細胞是來自胎兒各種組織的細胞，並不是單一種細胞。過去科學家就發現，羊水細胞可以發育成脂肪、肌肉、骨骼、神經等組織的細胞。近年美國的亞特拉醫生跟同僚證實羊水中有幹細胞，稱之為羊水幹細胞，他們的研究讓我們更進一步認識這一種幹細胞的性質。

亞特拉發現，羊水幹細胞具有自我更新的能力，而且在實驗室中長期培養許多代之後，仍然維持正常的染色體數目。羊水幹細胞可以分化成為屬於三個胚層的多種細胞，特別的是，實驗室可以利用羊水幹細胞製造神經細胞、肝細胞和骨細胞。從人類羊水細胞分化來的神經細胞，具有製造特殊蛋白的能力，並且成功地在小鼠腦中存活至少 2 個月。

但是，羊水幹細胞跟胚胎幹細胞不一樣，最主要的一點，羊水幹細胞沒辦法在免疫缺陷鼠體內發育成畸胎瘤。畸胎瘤是一種由三個胚層的各種組織構成的瘤，只是各種組織雜亂無章湊在一起，不像正常胚胎每種組織都有特定的位置。檢驗一種幹細胞是否具備胚胎幹細胞的特性，通常看它能否形成畸胎瘤就知道了。

就這一點而言，羊水幹細胞的多能性跟胚胎幹細胞是不一樣的，可以歸之於多潛能幹細胞之列。

因此羊水幹細胞雖然可以分化成為三個胚層的幾種細胞，但是應該沒辦法分化成三個胚層的全部細胞。最近科學家用山中伸彌的方法誘導羊水幹細胞，獲得人造多能性幹細胞，就具備像胚胎幹細胞一樣的多能性。

羊水幹細胞可以在懷孕中期抽取羊水分離出來儲存。未來的用途，可能可以用於新生兒先天性疾病的治療。舉個想像的例子，未來組織工程科學發達以後，也許有一個嚴重的先天性心臟病的胎兒，可能一出生就面臨死亡的威脅。醫生可以在他出生之前，利用他的羊水幹細胞培養成為心肌和血管組織，一出生立即使用培養的組織修補殘缺的心臟，既沒有排斥的問題，又可以把握黃金時間緊急治療，是未來羊水幹細胞的絕佳用途。

臍帶血與骨髓的比較

臍帶血與骨髓幹細胞移植兩者相比，骨髓是比較慷慨的捐贈來源，因為骨髓可以依病患的需要抽取足夠的量。依病患體重每1公斤從捐贈者抽取10到15毫升骨髓，也就是說，如果病患的體重是40公斤，則從捐贈者身上抽取400到600毫升的骨髓；只要經過一、兩個星期，捐贈者就會恢復。臍帶血就沒這麼慷慨了，一份臍帶血只有60毫升到100毫升左右，其中所含的有核細胞數目大約在1億到75億之間，平均將近10億。

　　有核細胞越多，幹細胞就越多，也就越適合移植。根據經驗，病患每公斤體重至少需要輸入 1 千 5 百萬個有核細胞，移植才會成功，2 千 5 百萬以上更好，一單位臍帶血所含的幹細胞數目對一個成人而言常常是不夠用的。為了克服數量不足的問題，有人用不同來源的臍帶血同時移植給體重比較重的病患，或是先用藥物讓幹細胞在實驗室增殖以敷所需，只是這些做法會不會產生不良的副作用還沒有定論。有人嘗試在收集臍帶血之際，除了從臍帶抽血以外，還加上注入含抗凝血劑的生理食鹽水，沖洗並收集胎盤內尚存的血液，據稱這樣做可以增加 15% 到 20% 的幹細胞收穫量。

　　臍帶血取得方便，但是儲存起來需要花費不少錢。如果有足夠的預算，很快就可以建立規模夠大的公家臍帶血庫，供應幹細胞移植的需求。據全球最大的「美國臍帶血計畫」統計，迄 2019 年為止，全球已儲存 70 萬份以上臍帶血，累計 3 萬 5 千名實施臍帶血幹細胞移植。全美國需要異體幹細胞移植的兒童當中，超過一半使用臍帶血。日本則不僅兒童，連成人也過半。

　　「美國臍帶血計畫」還有一個統計，所有能夠接受自體移植的病患，加起來不到 2%，剩下的 98% 以上只能接受異體臍帶血。國內也有許多醫院從事臍帶血移植，台大、榮總、慈濟、長庚醫院等在這方面都有不錯的成果，從他們的經驗可知，臍帶血主要的用途是異體移植，自體移植很少用得上。這是因為許多先天疾病無法使用自己的幹細胞來作治療，例如白血病、血紅素疾

表 3-1：臍帶血與骨髓的比較

	臍帶血	骨髓
採集過程	完全沒有痛苦或傷害	須全身麻醉從腸骨抽取骨髓
幹細胞濃度	較高（骨髓的 10 倍以上）	較低
幹細胞總量	少，只適合低體重的病人	可以多抽，不是問題
人類白血球抗原配對	非親屬之間只需 5 個白血球抗原相符就有機會移植成功	非親屬之間必需 6 個白血球抗原都相符，配對成功率低
宿主排斥	發生機會較少，比較不嚴重	經常是骨髓移植失敗的主因
病毒污染	較少	較多
時　效	需要可隨時解凍使用	需要花費長時間尋找配對者
來　源	容易，廢物利用	不容易，要志願者下定決心、不反悔且健在

病、先天代謝疾病、先天免疫不全等，罹患這些疾病的人身上的幹細胞帶有同樣的疾病，這些情況只能接受異體移植。

臍帶血移植的優點與缺點

與骨髓或周邊血幹細胞移植相較，臍帶血幹細胞有如下的優點：

- 純淨，比較少受到病毒、藥物、放射汙染。
- 幹細胞再生力比較強。
- 及時可用，不必等待捐髓者重新考慮與冗長的篩檢過程。
- 來源便利，而且收集時對母親與嬰兒無害。

表 3-2：造血幹細胞異體移植與自體移植

疾病名稱	異體移植	自體移植
白血病	可	有爭議，移植物可能含有癌細胞
淋巴瘤	可	可
骨髓再生不良	可	可
神經母細胞瘤	有爭議	有爭議
再生不良性貧血	可	不可，除非是環境因素引起（例如核爆）才可用
先天免疫不全	可	不可
血紅素疾病	可	不可
代謝異常	可	不可

● 移植物抗宿主排斥性比較低。

● 組織相容性比較大。

但是也有下列缺點：

● 每單位臍帶血所含的幹細胞數量少。

● 移植後開始再生的時間比較緩慢，增加感染機會。

● 也有慢性的移植物抗宿主反應，還是要服用抗排斥藥物。

● 適用自體臍帶血移植的機會跟骨髓移植一樣，極小。

細胞種子

與臍帶血有關的數字

　　取用臍帶血實施幹細胞移植的時候，病患每公斤體重需要移植2千萬個有核細胞。如果每公斤體重只給1千萬個以下的有核細胞，死亡率將高達70%以上。如果每公斤體重給予3千萬個以上的有核細胞，則死亡率可以降到30%。

　　據一項大型統計，臍帶血收集袋裡面，每一份臍帶血平均是103.1毫升，其中包含25毫升抗凝血劑在內。每袋有8億9千萬個有核細胞，也就是收集袋內每1毫升的臍帶血有860萬個有核細胞。

　　幹細胞是單核細胞，單核細胞只佔有核細胞的一部分。由於每一袋臍帶血的數量和內容都不一樣，如果你想保存臍帶血的話，可以大略估計一份臍帶血約含10億個有核細胞，其中有幾百萬個單核細胞，這些單核細胞當中大約有幾千顆真正的幹細胞。

三、組織相不相容是怎麼決定的？

　　早在 1910 年代，科學家就發現血緣相近的小鼠之間進行腫瘤移植，不會產生排斥現象，但是血緣不同的個體之間的移植則會產生排斥反應。美國傑克森實驗室的斯涅爾針對這個問題進行更深入的研究，終於在 1940 年代發現「組織相容抗原（H）」，這項重要的發現開啟了免疫學研究的新時代。

　　當時的研究發現，小鼠細胞核至少有 15 小段染色體控制著許多強弱不同的組織相容抗原，分別以 H-1、H-2、H-3、……表示，其中第 17 號染色體上的 H-2 含有最重要的組織相容基因，控制著最強有力的組織相容抗原，特稱為「主要組織相容複體」。高等哺乳類動物都有主要組織相容複體。

　　組織相容抗原是一種醣蛋白，它是免疫細胞辨識人我的依據。人不像植物，不同品種的植物之間可以異種接枝以改良果實，例如果農常會取一小段多果肉龍眼的枝條接到野生、大果核的龍眼樹上，利用這種方式改良成肉多核小的龍眼。人類就不能運用同樣的方法移植器官了，因為組織相容抗原不同，別人的組

織或器官就不容易在自己體內共存。

人類白血球抗原就是組織相容複體

　　法國的多賽觀察免疫疾病患者的血液時，於 1958 年首先發現人類的白血球上具有組織相容抗原，命名為「人類白血球抗原（HLA）」。因此人類白血球抗原專指人類的組織相容分子。人類白血球抗原的基因系統位於第 6 號染色體短臂 (6p21.3) 上，這裡有 220 個基因座，其中很多編碼的是免疫系統的蛋白。

　　人類白血球抗原基因系統當中以 HLA-A、B、C、DP、DQ、DR 等的研究最深入，這些基因又稱為「經典的主要組織相容複體基因」。

　　依據基因在基因體上分佈的位置，人類白血球抗原可以分為三大類，其中 HLA-A、B、C 屬於第一類，D 屬於第二類，這兩類決定組織是不是相容。第三類是補體基因，與組織排斥反應沒什麼關係。第一類由兩個部分構成，主要部分的基因在第 6 號染色體白血球抗原基因系統，次要部分的基因在第 15 號染色體。第二類抗原分子也是由兩個部分組成，分別稱為 A 和 B，這兩部分的基因都在白血球抗原基因系統（參見圖 2-8），一同指引製造 D 蛋白。

人類白血球抗原負責啟動排斥功能

　　第一類人類白血球抗原（HLA-A、B、C）的作用是呈現細胞

內部的抗原。必須澄清的是，我們身體大約所有的有核細胞都具有這種醣蛋白，不是只有白血球才有。所以有時候還是使用「組織相容複體」這個原始的名詞，比較不會造成觀念上的混淆。細胞被病毒入侵時，病毒 DNA 會利用細胞的機器製造病毒蛋白。對人體而言，病毒蛋白就像潛伏的賊，細胞必須想辦法通知保安系統，「我這裡出問題了，趕快啟動免疫機制，殺了我吧！」細胞的作法是利用內質網內的酵素，裁剪病毒蛋白成為碎片，之後由組織相容複體攜帶著碎片到細胞膜表面發出信號。這時候「細胞毒性淋巴球」辨識到自己人的細胞表面出現異物入侵的證據，就會記憶侵入者的特性，啟動捕殺的動作，並下令細胞自毀。

第二類人類白血球抗原（HLA-DR、DQ、DP）只見於免疫細胞，包括淋巴球、巨噬細胞，以及淋巴球的教練樹突細胞。樹突細胞或是巨噬細胞吞噬外來的異物，異物在細胞內的溶小體裡面消化裁切後，由第二類分子夾著出現在細胞膜上。這些外來的異物不是潛伏的賊，也許是正面交鋒的盜匪，或只是不懷惡意的來客。例如病原入侵到體內以後，少數病原被白血球分解成碎片，樹突細胞吞噬這些碎片，加以裁切之後，由第二類白血球抗原夾著呈現在細胞膜上，就像球賽時教練發號施令一樣。「輔助者淋巴球（ Th ）」接到號令，同時確認是自己的教練提出的指示，就會釋出細胞激素，發動白血球大量製造抗體、來現場吞噬病菌，以及摧毀那些呈現相同外來抗原的細胞（圖 3-5）。

多數藥物在人體內不會引發免疫反應，這是因為第二類組

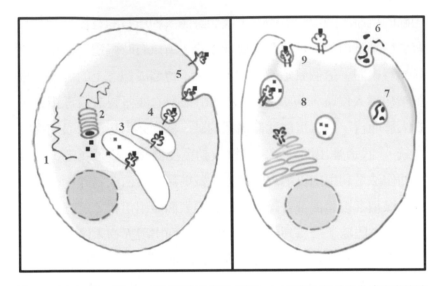

圖 3-5 左圖：第一類 HLA 呈現細胞內製的抗原。1、細胞內製的本身或病毒的醣蛋白。2、蛋白酶體，分解醣蛋白成為抗原。3~5、由第一類 HLA 在細胞表面呈現抗原，通知細胞毒性淋巴球啟動免疫機制。
右圖：第二類 HLA 呈現吞噬來的抗原。6、異物。7、內噬體。8~9、由第二類 HLA 呈現抗原，通知輔助者淋巴球啟動大規模攻擊。

織相容分子跟藥物的分子結構差太多，牛頭不對馬嘴，第二類分子無法夾著它呈現在細胞膜上。組織相容分子只會呈現結構本身夾得住的抗原，就像燒餅夾著油條一樣，結構相差太遠的異物不會被呈現在細胞膜上，這種異物就不具抗原性，不會引起排斥反應。不同版本的組織相容分子意味著不同的免疫力，就好比燒餅總是夾著油條、大亨堡總是夾著熱狗一般，所以有些物質讓這個人的免疫系統動員起來，卻不會讓另一個人發生免疫反應。

組織相容複體有豐富的多樣性

所有的脊椎動物都有組織相容基因，不過不同物種之間，基因的組成仍有很大的差異。例如雞的組織相容基因系統只有 18 個基因，相較於人類有 200 個以上，雞的組織相容基因系統就顯得很小。

人類的組織相容基因除了大以外，還有一個特色，就是版本特別多。例如與組織移植排斥最有關係的白血球抗原 -A、B、DRB1，目前已知的就分別有 7 百多種、1 千 1 百多種、6 百多種版本。人類其他基因，罕有這麼多樣的。而且，其中有些版本已經非常古老，只存在於少數人身上，這些版本比較接近多數猩猩擁有的同一個基因，反而比較不像多數人擁有的版本。這是奇特之處，演化上的意義，表示不同版本的組織相容基因對環境的適應能力沒有優劣之分，所以許多版本都留存下來了。

組織相容複體基因版本歧異之大，造成人與人之間的器官移植有很大的障礙。本來如同夾子的組織相容複體夾著病原碎片，是啟動免疫機制的第一個動作，現在別人的細胞進到自己的身體，那些細胞上的夾子就是異物抗原了，因而引發更強烈的免疫排斥。

取他人的組織移植給需要的病患稱為「異體移植」。異體移植時，病患的 T 淋巴球注意到移植物的組織相容複體跟自己不同，因此產生排斥，這是宿主抗移植物反應。如果移植物是造血

幹細胞，新生的淋巴球是捐贈者的品種，它會視病患的細胞為異物，對病患身體產生排斥，是移植物抗宿主反應。這兩種排斥都可能造成致命的後果，所以異體移植必須重視組織相容的問題。

器官移植後要服用免疫抑制劑來控制排斥反應。藥物在抑制排斥反應的同時，也抑制了整體的免疫力，無可避免地會產生嚴重的副作用，包括增加感染的危險，以及致癌的可能。移植初期的排斥反應可以用藥物控制，但是慢性的排斥反應終究還是會讓移植的器官損壞。

如果每個人的組織相容抗原都相同，不就沒有移植排斥的問題了嗎？因此我們要追究，為什麼白血球抗原基因會發展出如此繁複的多樣性？

據估計，每個人對 99% 以上的外來蛋白或外來分子具耐受性，不會啟動免疫反應。由於組織相容複體繁複的多樣性，不同的人對不同的蛋白會產生程度各異的免疫反應。我們每個人對細菌或病毒的抵抗力不一樣，一部分的原因在於組織相容複體的版本不同。這是很有意思的特性，從好的一面來看，免疫是摧毀病原的手段；但是從壞的一面來看，免疫反應也會讓人體不適，過度的免疫反應甚至相互毀滅。例如新興的流感病毒或是 SARS 病毒，就會誘使免疫系統發動毀滅性的攻擊，宛如軍火庫爆炸一樣，免疫反應的危害比病毒本身對細胞的破壞更強大千萬倍。終究造成肺泡裡面充斥了白血球，讓病患呼吸衰竭而死亡。

組織相容複體的多樣性分攤了這個困境。在人類群體裡，組

織相容複體的多樣性，代表啟動免疫反應需要的通關密碼是因人而異的，不是敞開大門的。因此有的人排斥這些抗原、有的人排斥那些抗原，而且不同的抗原引發的免疫反應強度也有所不同。一種新興的病毒或細菌出現在人類社會時，人口中有一部分會出現強烈的免疫對抗症狀，引起眾人的警覺，這樣就不會讓病原如隱形的殺手，無聲無息地過度繁衍。也不會讓多數人一下子就傾全身免疫系統之力與之對抗，造成玉石俱焚的下場。

試想，如果每個人啟動免疫反應的通關密碼都一樣的話，某些病原可能會逃過免疫系統把關，吃掉身體內的細胞，或是病原在細胞內過度繁衍，終至撐破細胞，毀滅我們這個物種。另一些病原則可能引燃每個人的彈藥庫，讓淋巴球的細胞激素奔流而出，發動免疫的軍隊和軍火，一下子瓦解了維持生命所需的生理平衡。

因此在演化上，當第一個突變的組織相容複體基因順利逃過一場浩劫，就注定這個基因系統要往多樣性的方向發展，才有利於與外在世界中隨時都在突變的病原爭奪生存機會了。

透視白血球抗原版本的解析度

「血清檢驗法」是辨識白血球抗原的傳統方法——所謂血清檢驗法就是利用抗體跟抗原反應的意思。原理是利用染劑與已知型抗體偵測活細胞表面的抗原，如果抗原跟抗體同型，它們就會結合，並且改變細胞膜的通透性，因此染劑就能夠進入細胞內，

透過顯微鏡便可以觀察到細胞的變化。這個方法辨識的是組織相容抗原的血清型。直到 1980 年代晚期，DNA 技術成熟，才大規模辨識白血球抗原的基因型。利用「DNA 檢驗法」辨識基因型，使用的是品質穩定的合成試劑，有高度的特異性、不必用到活細胞，而且可以辨識到非常細微的分型，是這項新方法的好處。

不同版本的白血球抗原基因有時候會製造出同一種血清型的醣蛋白，這時候用血清法就分辨不出來。例如一個人如果帶著 B*070201 基因版本，另一個人帶著 B*0705 基因版本，這兩個人會具有同一種血清型，B7。即使明明他們是不一樣的醣蛋白，但是在實驗室裡用抗體卻無法分辨出來。

這就衍生出檢驗解析度的問題。解析度太低的，即使檢驗出來屬同一型，也不一定可以拿來配對，當作器官或組織移植的依據。但是解析度愈高的檢驗，成本相對就愈高，實驗室的操作水平要求也會愈高，有時候不容易普遍化，甚至減慢配對速度，延誤火急的病情。

解析度可以分為幾個等級，低解析度可以辨識粗血清型。DNA 法也可以做低解析度檢驗，例如「DRB1*11XX」代表的就是 DR11 血清型，這個血清型又可以分為 50 種基因型，但是低解析度沒有細分的能力。

中解析度也是檢驗 DNA，就如前例 DRB1*11XX，經過仔細一點的檢驗，可以進一步標示成「DRB1*1101 或 DRB1*1104」，也就是說，經過中解析度的檢驗，焦點又拉近了一些，可能的標

的從 50 個集中到兩個。一般骨髓、臍帶血捐贈中心接到志願者的血液，至少都會做到低解析度或中解析度的登錄。

高解析度的 DNA 檢驗可以做到更確定的基因版本，如前例更進一步確認是「DRB1*1101」。通常只有在捐贈中心資料庫找到很可能配對成功的捐贈者以後，才進行高解析度檢驗（圖 3-6）。

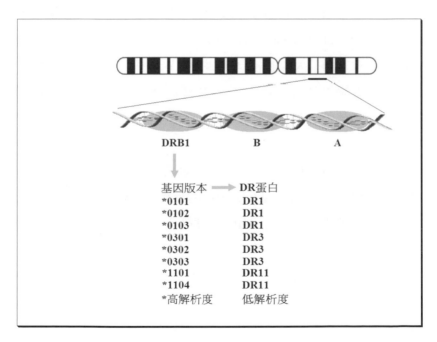

圖 3-6 造血幹細胞移植前要先做組織相容配對，也就是要比對病患和捐贈者的白血球抗原（HLA）。比對的精密度越高越好，因為縱使低解析度的檢驗結果顯示相容（如圖中的 DR1），但是很可能基因版本仍然不同，導致移植失敗或是嚴重排斥。

什麼才是相容？

　　到底什麼程度的解析度才能判斷相不相容？目前對相容沒有世界通行的定義。例如病患的組織相容分子是 DR1、DR3（低解析度），捐贈者也是 DR1、DR3，這樣算不算相容？問題是 DR1 有 11 種基因版本，DR3 有 25 種基因版本，所以這兩個人在高解析度下是有可能相容，但是也有可能不相容。

　　另外是基因數的問題。一般而言，骨髓造血幹細胞移植要求 6 個基因（即 HLA-A、B、DR 三種基因各兩套）6 個相合，臍帶血移植要求 6 個基因 5 個相合。擁有世界最多筆骨髓捐贈者資料的「美國骨髓捐贈者計畫」，根據移植成效的經驗，更要求骨髓移植要 8 個基因（6 個加上 HLA-C）8 個相合，而且是高解析度相合。

　　據美國骨髓捐贈者計畫統計，在他們超過 5 百萬筆捐贈者資料庫當中要找到 6 個基因 6 個相合的機會是 85%（低解析度），或 60%（高解析度）。要求的解析度越高或是基因數越多，配對成功的機會就越低，但是越不會發生排斥的問題。

　　由於親手足之間組織相容的機會是四分之一，台灣家庭一般以生 2 個小孩為主，加上其他近親，找到組織相容的機會大約只有 30%。既然組織相容基因有這麼複雜的多樣性，要從近親以外的捐贈者找到相容的幹細胞，唯有大型的捐贈者計畫才可能找到適當的配對。

縱使如此，仍然有許多病人找不到組織相容的骨髓捐贈者，加上受到法國於 1988 年利用臍帶血移植成功治癒一名遺傳性貧血病童的鼓舞，於是自 1992 年起，紐約血庫建立了臍帶血庫。到了 1998 年，紐約血庫的魯賓斯坦發表一個規模達 562 個人的臍帶血移植經驗報告。臍帶血移植的成功率不但不比骨髓移植差，甚至有較低的排斥現象。此外，即使 6 個基因只有 4 個相容的臍帶血，也有跟骨髓移植相當的成功率。因此如果從成人捐贈者資料庫找不到組織相容的來源（必須 6 個基因甚至 8 個基因都相容），臍帶血庫是很好的選擇。

幹細胞資料庫收集越多筆資料就越容易為病患找到組織相容的配對。至 2019 年 6 月為止，慈濟骨髓幹細胞中心已登記志願者累計 436,104 人，尋求配對病患累計 59,043 人；臍帶血收集了 27,260 袋，可上線配對 10,686 袋，移植案例共 108 人。如果加上各國髓捐贈者計畫資料庫，幾乎所有來尋求捐贈骨髓或臍帶血的病患，都找得到適當的捐贈者 。

四、你要保留寶寶的臍帶血嗎？

　　台灣臍帶血銀行業者早在 1999 年就開始起步。目的雖然是保存臍帶血以備自用，但是有些業者也扮演了公益臍帶血庫的功能，協助醫院取得臍帶血，且成功救助病患。私人臍帶血銀行是以科技做為商業發展的基礎，但是有些業者更利用商業所得和實務經驗，與教學醫院、中研院等學術單位共同研發科技。比起公家機關，私人臍帶血庫以先進科技建立商業榮景的成就顯然勝過許多。

　　台灣有不少臍帶血幹細胞保存公司，例如訊聯、再生緣、生寶、永生、尖端、大展、宏燁等臍帶血銀行，全世界少有臍帶血銀行這麼蓬勃發展的國家。如果各家臍帶血銀行能致力於研發臍帶血幹細胞的應用而非僅以保存自滿，必可讓台灣的臍帶血幹細胞成為有益於人群的生技產品，也可以免於欺騙外行之譏。

　　有了這些私人臍帶血銀行的大力推動，加上名門貴胄的捧場，國人對臍帶血一詞可以說是耳熟能詳。但是大部分即將懷孕或已經懷孕的年輕夫妻心中不免產生一些疑問：「到底需不需要

花錢儲存寶寶的臍帶血以備自用？」換句話說，到底在人的一生中，有多少機會罹患重大疾病，而且這個病可以用自己的臍帶血治療？

臍帶血實用性的絆腳石

儲存臍帶血之前要先檢查看看，如果臍帶血已經有來自母體的微生物或毒物汙染，還花錢儲存恐怕就不明智了。這是因為終究要用上臍帶血的時候，使用的人一定沒什麼抵抗力，很怕再有外來的傷害。不管未來抗生素或解毒劑的進展多麼驚人，每年花大把金錢儲存有問題的臍帶血就是說不通。

除了「質」的污染，「量」也是一個問題。我們已經知道每一份臍帶血的數量是很有限的，充其量也很不足以提供體重 30 公斤以上的病患做一次幹細胞移植。超過這個體重，臍帶血的實用性就降低了許多。因此取得臍帶血之後，如果其中有核細胞的總量還低於平均值，也許只足夠供應十幾公斤體重的人做一次移植，就要考慮是不是值得儲存。

針對量不足的問題，有些成功的經驗，是利用一份組織相容的臍帶血，加上幾份比較不相容的臍帶血救治病患。例如榮總就曾經利用兩袋別人的臍帶血治癒一名 12 歲、體重 68.5 公斤的慢性髓性白血病患。慈濟醫院也曾經用一袋組織相容的臍帶血跟一袋沒那麼相容的臍帶血，治癒一名海洋性貧血病患。這種做法的目的，是讓足夠的幹細胞進入病患體內盡快製造白血球，以免病

患在缺乏白血球的狀態下死於嚴重感染造成的敗血症。度過這個關鍵期以後，最終成功著床的，可能只有組織相容的幹細胞。

另外的突破機會是「體外增殖」，也就是利用白血球生長素等藥物，在實驗室裡讓幹細胞增殖好幾倍甚之幾十倍之後再移植。這種做法的安全性還沒有得到足夠的保證，例如，利用藥劑增殖後會不會產生基因突變？會不會造成癌變？這些疑慮必須釐清，才能被醫學界普遍接受。

因此必須找到以下這個問題的答案，才能讓保存臍帶血以供自用的人覺得這筆錢花得有價值：如果一個成人需要幹細胞移植，而且保有自己的臍帶血，但是因為自己的臍帶血不夠用必須加上其他人的臍帶血，移植成效會不會比單一捐贈者的組織相容幹細胞來得好？目前從極為有限的經驗仍看不出優劣來。

如果體重限制這一點能取得突破性進展，無疑能夠讓花錢保存臍帶血的人找到一個理由。

自體移植的限制

自體臍帶血沒有組織相容的問題，這是最大的優點。但是自體臍帶血也同樣包含所有好的、壞的基因。因此，幾乎所有的遺傳性疾病都不能用自己的臍帶血治療，除非利用體外基因療法修改臍帶血幹細胞，再將幹細胞植回體內。不過基因療法的安全性仍有很深的疑慮，至少目前基因療法還不成熟，無法在臨床上使用。

　　以海洋性貧血為例，全台灣目前大約有 500 名重度海洋性貧血病患，他們的基因無法製造正常的血紅素，紅血球沒有辦法執行攜帶氧氣跟二氧化碳的任務，必須經常輸血維持生命（平均兩週一次）。經常輸血會造成鐵質沉積在體內，引發肝硬化、糖尿病、心臟病等等嚴重的併發症，所以每天得花 8 至 12 個小時施打排鐵劑，生活品質很不好。

　　造血幹細胞移植可以治癒海洋性貧血。但是幹細胞必須取自組織相容、健康人的幹細胞才可以，因為病患自己的幹細胞血紅素基因也是壞了的基因。

　　另一種需要動用到幹細胞治療的疾病主要是癌症。用幹細胞治療血癌時，一般不會考慮用患者自己的臍帶血治療，尤其是好發於兒童期的血癌。這是因為兒童白血病治癒率本來就不低，傳統的化療加上放射治療就有六到八成的治癒機會。就算是傳統治療無法治癒的患者，例如 DNA 嚴重突變的白血病患，需要廓清造血系統移植新的造血細胞，這種情形也不適合使用自己的臍帶血，因為臍帶血中很可能已經有癌細胞了。而且，癌是一種DNA 的疾病，是許多步驟的 DNA 突變逐漸累積形成的，所以兒童期癌症病患的幹細胞裡頭是否可能已經累積一些突變？這一點必須深深考慮。如果是的話，當然不宜使用自己的臍帶血。

　　我們再來看看別的癌症。依據「中華民國兒童癌症基金會」多年的統計，台灣每年新發病的兒童癌症個案數約 550 人，常見的兒童癌症如下：白血病第一位（35%），腦瘤居次（18.5%），

淋巴瘤第三位（8.5%），神經母細胞瘤第四位（6.5%），其餘依序
為生殖腺癌、骨肉瘤、軟組織肉瘤、威姆氏瘤、肝腫瘤及視網膜
母細胞瘤等。傳統治療的成果以 5 年存活率表示如下：急性淋巴
性白血病 69%，急性骨髓性白血病 51%，淋巴瘤 65%，威姆氏瘤
88%，神經母細胞瘤 42%，骨肉瘤 76%。平均六、七成。由此可
見，兒童癌症的種類與治癒率和成人大不相同，療效遠比成人來
得好。兒童癌症大部分是可治癒的，尤其早期診斷、早期治療，
則治癒率遠高於成人癌症。

在這些癌症當中，適合利用自體臍帶血幹細胞治療的主要是
已經轉移的惡性淋巴瘤，這是因為惡性淋巴瘤往往是後天性的疾
病，可能跟病毒感染（EB 病毒）有關。病毒 DNA 干擾了人類淋
巴球的基因，造成基因突變，突變的結果形成淋巴瘤。這種情形
就可以在廓清癌細胞後，用自體臍帶血造血幹細胞回補被破壞的
骨髓，是理想的治療方式。但是這一部分的兒童病例，台灣每年
不會超過 10 個。

臍帶血間葉基質細胞

臍帶跟臍帶血中除了造血幹細胞之外，還有少量的間葉基質
細胞，就是俗稱的間質幹細胞。間葉基質細胞在實驗室有分化為
骨細胞、軟骨細胞、心肌細胞的潛能。因此，商業性的臍帶血銀
行會這樣介紹臍帶血的功用：

「目前醫界正積極研發如何誘導臍帶血幹細胞變成神經、骨

骼、肌肉、血液、內臟器官等其他系統的細胞與組織，以作為肝病、皮膚移植、糖尿病、帕金森症、阿茲海默症、神經傷害及心臟疾病等治療之用。另外也嘗試讓臍帶血幹細胞在體外增生，可應用於基因療法、複製、藥物研發、藥物安全與毒性試驗等，提供人體細胞組織與器官的修補與治療。」

或者：「幹細胞方面的研究每天都有一些新進展。目前已經證實未來幹細胞將可以治療脊髓損害、中風、帕金森症、阿茲海默症、心臟病、糖尿病，愛滋病等。臍帶血提供了另一種幹細胞的來源。」

又或是：「文獻證實，癌症、血液疾病、代謝異常、自體免疫疾病都有利用臍帶血移植成功的案例。台灣與國際間也有相關的幹細胞研究進行到人類實驗階段：利用幹細胞治療中風、帕金森症、脊髓損傷、肝臟疾病、心臟疾病、糖尿病、腎臟疾病、皮膚再生等。」

儘管讓幹細胞在一堆疾病名稱之間飛舞，會搞得腦海裡充滿科幻文學的撲朔迷離，但是這些廣告文案說的並不誇張。因為文字中透露的是一種好消息，一種期許，一種利多，但不是現在已經達成的成就。什麼時候會達到文案中應許的部分目標？沒有一致的看法，也許 10 年，也許 50 年。

但是一旦這些疾病可以利用幹細胞治療的時候，其中大部分的個案就不是非臍帶血不可了。因為人類的骨髓、血液，及許多組織當中本來就有幹細胞，沒有留下臍帶血的人，只要分離出這

些休眠的幹細胞，集合它們去修補被毀損的零件，就是最好的幹
細胞療法。

此外，除非大多數人都留下臍帶血以備自用，否則科學界的
研究必須把大部分的精力放在公共臍帶血庫的應用上，私人臍帶
血的研究不容易得到肯定。

要建立多大的臍帶血庫才能讓多數申請配對的人得到滿意
的幹細胞捐贈？單單這個問題就不簡單了。因為收集了臍帶血之
後，必須辨識它的組織抗原型（低解析度或中解析度），否則就
像圖書館的書籍沒有封面、沒有分類一樣，形同廢物。但是辨識
組織抗原型是非常昂貴的手續，每一筆臍帶血至少要花台幣 5 千
元，才能中低度解析它的組織抗原型、病原污染狀態等基本資
料。此外，根據美國的經驗，當血庫收藏達到一定的規模以後，
再增加的新血往往只會重複已有的組織抗原型，卻很難收集到罕
見型，因此要如何收集罕見型也是一件需要費心的事。

科學家也在試圖尋求答案，是否能安全地改變幹細胞的組織
抗原？如果可以，未來或許能供應一小瓶一小瓶的幹細胞，1 號
是腦的幹細胞、2 號是肝、3 號是心、5 號是關節軟骨等等。爬
樓梯膝蓋很痛嗎？來診所打一針 5 號，退化性關節炎就得到了改
善。心肌梗塞恐怕會造成心臟壞死？趕快趕快，一針 3 號就可以
保住心臟！

這才是科學發展的目標。科學發展太昂貴，只能為大眾找出
路，沒辦法只服務特定的少數人。

花錢儲存寶寶的臍帶血以備自用？

針對大眾的疑慮，到底要不要花錢保存寶寶的臍帶血？ 1999 年美國的小兒科醫學會提出一個公認的意見，2007 年根據新的資料改版，旨在提供信息以指引醫師如何回答患者關於臍帶血庫的詢問。指引建議中比較重要的幾點是這樣的：

- **臍帶血移植可以治療一些特定的嚴重疾病**。這裡指的是某些癌症、骨髓衰竭、血紅素病、免疫缺陷和先天代謝疾病，就這五種。至於其他再生醫學的用途，都還在實驗階段，不鼓勵拿這種說法鼓吹儲存。

- **不應該為了以後本人或家屬可能發生的疾病而鼓勵儲存臍帶血**。因為需要動用幹細胞移植才能治療的疾病，臍帶血的 DNA 往往已經帶有病因了。但如果親兄姊當中有需要臍帶血移植的人，則應當鼓勵儲存。

- **鼓勵公益臍帶血移植**。家屬須知公益儲存的臍帶血往後不一定可以私用。

- **不應該以生物保單的說法鼓勵儲存臍帶血**。因為儲存臍帶血以備往後自用的作法是否正確，目前沒有資料支持。加上儲存臍帶血在必要時提供自體移植的機會很難正確估計，所以生物保單的說法無法成立。

除了這幾點以外，還有一些針對技術方面的和給官方的建議，就不在這裡羅列。

這份文件還提到，依照可靠的文獻估計，人的一生當中用到自體臍帶血的機會在一千分之一到二十萬分之一之間，但是這個數字只是粗估值，而非經驗值。紐約血庫的估計是一萬分之一，而最具公信力的美國國衛院則估計二十萬分之一。

有些統計高出這個數字很多，甚至有高達二百到四百分之一的說法，令人難以置信。

你也可以這樣做

我已經盡力提出儲存臍帶血的正反意見。但是相信讀者審視過這些意見之後，每個人的結論一定大不相同。也許有些人會認為既然如此，還是決定不要幫寶寶儲存臍帶血好了；也許有些人卻會覺得既然如此，我一定要替寶寶盡這份心力。

如果你有一個罹患血癌，或是嚴重血液病的小孩，而你又正好懷孕了，請你趕快跟孩子的癌症醫師聯絡。務必要保留肚子裡頭這個寶寶的臍帶血。

如果你有同樣的遭遇，目前沒有懷孕，但有懷孕的打算，則請你跟先生一同和婦產科及孩子的癌症醫師商量，也許會成就一件美事。

如果不是上述的情形，那麼也許下面這一封阿給的媽媽寫給醫院公益臍帶血中心的信，可以提供一些參考。信的內容如下：

1999 年 2 月 25 日，我生下了第二個孩子，一個 4 公斤多的

胖小子，我們叫他阿給。阿給一出生就被帶去擦澡、包好，然後送來我的懷裡。我一看到阿給，就知道他絕對是我此生最棒的禮物。就在同一時刻，他也捐出他所能給的最棒的禮物，就是他的臍帶血。這是可能被任意丟棄的血，卻同時也是能救活一個生命的血。在沒有任何疼痛或不適、產程沒有任何改變的情況下，阿給或許已經給了某一個人重獲新生的機會。

就像許多滿心期待的父母一樣，產前我先生跟我也收到了一些私人臍帶血銀行寄來的小冊子，說明他們會幫我們儲存寶寶的臍帶血，以備未來之用。我們讀了之後立刻驚恐地發覺，如果沒有替寶寶儲存臍帶血，萬一將來有一天寶寶真的需要用到臍帶血，要後悔也來不及了。

臍帶血銀行提供了許多文獻，讓我們感覺到如果寶寶罹患了血癌，臍帶血將會是最佳的治療。那時候很想替寶寶在私人臍帶血銀行留下臍帶血，但是針對這個問題略加研究後，我們基於幾個理由決定不這麼做了。

首先，我們沒有任何可以用臍帶血治療的白血病或遺傳疾病的家族史。其次，我們認為以有限的財源，我們可以拿這筆錢花在對寶寶更有用的地方。第三，依我們找到的相關資料，我們知道臍帶血移植是高危險的，是治療疾病最後的選項，而不是最優的選項。我們不覺得寶寶會從自己的臍帶血得到什麼幫助，但是也許某一個正在與疾病搏鬥的人會從寶寶的臍帶血得到救治的機會。

在衡量了家族疾病史、關於臍帶血移植的實情，以及阿給的臍帶血可能被當作廢棄物處理之後，我們從容地決定捐出阿給的臍帶血，理由是：我們無法想像把別人生存的機會就這樣丟掉；我們尊重也樂於參與某個大學的公益臍帶血庫計畫；參與這個計畫對阿給沒有傷害；最後，我們的捐獻可能讓一些癌症及遺傳疾病的研究得到進展，因而間接幫助了阿給及未來的人們。

儲存寶寶的臍帶血是一個重大的決定，在公益捐獻及私人儲存之間也許是困難的抉擇。但是我極力主張大家要運用自己的常識，評量家族史，深入了解各種選項，不要讓恐懼跟不確定的說法導引你的抉擇——不僅臍帶血的問題，任何需要你為孩子做決定的事項也都一樣。

祝好運。

阿給的媽媽　上

雙贏之道

現在擺在我們眼前的事實是，臍帶血幹細胞有它的實用價值，而且有廣泛使用的潛力。但是用到自體臍帶血的機會太小，儲存臍帶血的這筆錢可以花在更有用的地方。

另一方面，台灣私人臍帶血銀行發展蓬勃，不少公司已經取得國際水準的認證，在組織抗原定型及儲存方面，都有足以傲人的可貴經驗。

因此如果醫學界及政府經過評估，認為值得建立大規模的公

益臍帶血庫，可以利用國家的經費委託合乎標準的臍帶血銀行進行臍帶血收集、儲存、定型等事宜，並且以臨床應用的研發能力作為補助的標準。如此一來，我們很快就會擁有一個世界級的公益臍帶血庫。由這個公益臍帶血庫帶來的幹細胞科學水準的提升與對全世界捐贈的善舉，必然可以讓國人同感光榮。

先進的文明國家不會忽視臍帶血的用途，例如美國國會就在2005 年 12 月通過細胞移植法案，撥款 7 千 9 百萬美元給「骨髓捐贈者計畫」建立臍帶血庫，目前已儲存 16 萬筆。這些臍帶血公開提供醫生治療患者之用，許多目前仍未確定、關於臍帶血幹細胞移植的優劣點，將透過這項計畫得到解答。中國衛生部也在2006 年 3 月實施「血站管理辦法」，將臍帶血幹細胞血庫作為特殊血站。

本來在胎兒出生後就失去用途的臍帶血突然間備受矚目的原因，一方面是因為臍帶血幹細胞科技不斷發展；另一方面則跟胚胎幹細胞有難以釐清的倫理問題有關。此外，這項技術背後隱藏的商機也是重要的推力。台灣一年有 15 萬個寶寶出生，表示有近 15 萬份臍帶血被當作廢棄物拋棄。我們既然已經有足夠的科技水準可以好好利用這些可能救活人命的物資，沒有珍惜善用實在是太可惜了！

4 桃莉羊開啟的新時代
——幹細胞的製作方法與爭議

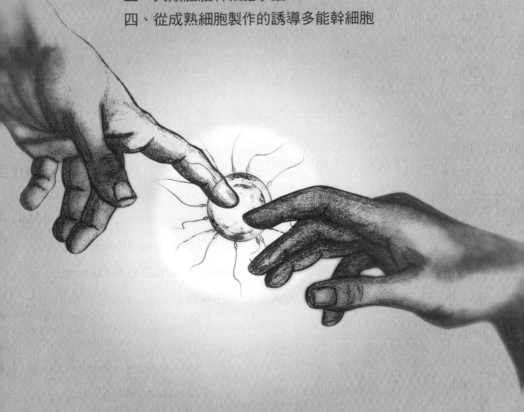

一、桃莉羊開啟的新時代

　　蘇格蘭的青草地綿延在起伏有緻的和緩丘陵上。點綴著廣闊綠地的，除了一些井然有序的矮灌木叢，還有雲朵般徜徉其間的綿羊。幾幢建築物靜謐而整潔地排列在恰當的位置，讓畫面總是維持在最寧靜安詳的狀態。

　　獨領全球生物科技風騷的羅斯林研究所就置身其中。它不像京師裡的學堂，需要嚴密的人際關係以取得研究預算、最大的研究對象不能超過小白鼠的規格；反而像是高僧守著的古老小廟一樣，在廣大的青草地上進行最古老的、農牧規模的試驗。夜裡則由一隻叫「巴斯塔」的忠狗四處巡邏。

　　羅斯林研究所是愛丁堡大學動物育種系分出來的研究機構，後來研究所又培育了一家生技公司「藥用蛋白質有限公司」（PPL）。哺乳類胚胎學家威爾慕特就在羅斯林帶領一個研究小組，與鄰近的 PPL 一同修鍊一門失傳已久的密技，那是當我們的祖先在演化的路途上還處於單細胞生物時期的拿手絕活 ——無性生殖。

無性生殖產生的桃莉羊

　　桃莉羊的誕生已經是 1996 年 7 月 5 日的事了。當人類成功複製一隻綿羊的消息透過傳播媒體公佈時，立刻震驚全球，桃莉也在一夕之間成為全世界最知名的動物。

　　威爾慕特和他的同僚從一隻多賽母羊的乳房取出上皮細胞，這個上皮細胞是已經走到分化盡頭的細胞。正常的情況下，這種細胞用過一段時間就會凋亡了。就算再分裂，也還是分裂為上皮細胞，不會有其他變化了。

　　接著，他們再從一隻蘇格蘭黑面羊的卵巢中取出卵子，去除卵子的核，然後融合乳房細胞（有完整的染色體）與去核卵子（沒有染色體），就形成一個沒有經過精卵結合、卻具備全部受精卵內容的細胞。這個細胞有雙套染色體加上卵子的細胞質，它成功地發育成羊胚，並且由另一隻黑面羊代孕。就跟一般多賽羊一樣，桃莉在 148 天的孕育後誕生（圖 4-1）。

　　實驗室中把體細胞的細胞核放進去核卵子裡的過程稱作「核轉移」。這種技術是更早之前由英國的葛登發展出來的。1970 年代，葛登利用細針抽掉一個青蛙卵的細胞核，使這個去核的卵無法受孕。這是很自然的現象，因為去除細胞核的卵只是一顆空包彈，裡頭只有細胞質，根本沒有細胞發育所需的 DNA。

　　接著，葛登從青蛙皮膚的角質細胞取出細胞核，放到除去了核的蛙卵內。

細胞種子

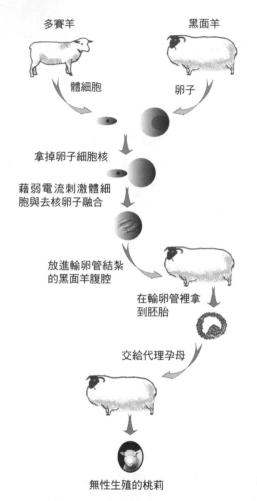

多賽羊　　　　　　　黑面羊

體細胞　　　　卵子

拿掉卵子細胞核

藉弱電流刺激體細
胞與去核卵子融合

放進輸卵管結紮
的黑面羊腹腔

在輸卵管裡拿
到胚胎

交給代理孕母

無性生殖的桃莉

圖 4-1 桃莉羊是生殖性複製的典範。雖然人類不需要也不應該生殖性複製，但是
　　　藉著桃莉羊的基本技術，卻帶來許多治療性複製的想像和嘗試。桃莉的誕
　　　生宣告一個新時代正式來臨：也就是人類開始可以插手哺乳類動物無性生
　　　殖的事務了，突破以往僅見於比較低等生物的生殖方式。更重要的是，如
　　　果可以利用製作桃莉的方式操作人類的細胞，將讓細胞療法或組織工程最
　　　困難的瓶頸──組織排斥──得到突破性的進展，因為一樣的方法就可以
　　　量身訂製與病患遺傳組成完全相同的細胞。

　　奇妙的事情發生了！新的細胞就像受精卵一樣，開始分裂，形成細胞團。然後細胞開始分化，神經、皮膚、血管紛紛出現，然後形成一隻活生生的蝌蚪。

　　這是針對兩棲動物所作的無性繁殖試驗，新生蝌蚪所有的染色體 DNA 都來自一個體細胞，沒有經過授精的過程，所以這隻新生蝌蚪是提供細胞核那隻青蛙的複製品。

　　從此核轉移技術開啟了生物學的一個夢想世界。如果青蛙可以複製，或者更進一步說，如果人類可以複製，那麼或許個體的生命就能永不止息了。倘若複製完整生物的期盼能夠實現，那麼只複製一部分的器官也許更容易。如此一來，人類就可以不再害怕疾病破壞我們的心、肝、腎、四肢等等了。

　　但是葛登的實驗離這個夢想實現還遠，因為兩棲類在演化樹上屬於較低階的動物，許多它們具備的應付環境變化能力，到了我們這種高等生物都不見了。高等動物是由高度特化的細胞構成，高度特化的細胞功能更精密，代價就是犧牲可塑性。另外低階動物體內保存了比較高密度的幹細胞，而且細胞分化比較單純，因此可以輕鬆再生或是修補身體的創傷。例如渦蟲，有人在實驗室切掉渦蟲的頭，過幾天它又長出一個頭，照樣活得很好。所以從低階動物觀察到的生命現象，雖然可以暗示人類的生命現象，卻沒辦法照單全收。同樣的道理，從蛙卵的核轉移到複製人的實現還遠得很。

　　更何況，葛登的研究還留下一條令人很不痛快的尾巴，核

轉移製造出來的無性生殖蝌蚪不會蛻變成青蛙。很奇怪，別人用同樣的方法複製的蝌蚪也統統不會變成青蛙，就這樣拖著一條尾巴，然後死掉——即使到今天仍然沒有人能解釋為什麼。

許多人在葛登之後試著利用核轉移技術複製鼠、牛、羊等哺乳類動物。縱使有些核轉移實驗成功了，新細胞卻只分裂幾次就停止，沒辦法分化出正常的胚胎。因此科學家逐漸演繹出一種看法：分化是一種不可逆的過程，青蛙實驗是例外的現象。換句話說，1997年之前20年間的結論，等於再度確認了分化只能單向進行的古典生物學通則。

所以桃莉羊的誕生就很有意思了。桃莉是從成熟的乳房細胞核開始，加上卵子的細胞質，搖身一變成為最原始的、沒分化的全能幹細胞，接著逐步分化成一隻活生生的羊。從此分化只能單向進行的通則不再有效。這個突破表示細胞核裡面的遺傳指令沒有壞掉，只要恰當操控，就可以重來一次。就像房子已經蓋好，鷹架拆掉了、各部門的工程人員已經退休，還能不能重新蓋？以前不可以，現在可以了。只要知道怎麼召集一批新的工作人員，反正建築藍圖還在。

利用休止細胞做核轉移

細胞的生活史有固定的週期。新的細胞一旦誕生，有的就不再進行分裂的動作了，它們處於生命週期的靜止期，我們身體裡面大部分的神經細胞就屬於這種。有的細胞則繼續推動分裂的轉

輪，亦即經過一段時間、蒐集足夠材料以後，開始複製一份新的DNA；再經過一段時間成長，進入有絲分裂期，分裂成兩個細胞。

威爾慕特的合作夥伴坎培爾，注意到許多失敗的複製實驗取用的細胞核，都是來自不斷分裂的細胞。為什麼要用不斷分裂的細胞？自然是因為構成胚胎的細胞就是不斷分裂的細胞。但是坎培爾有不一樣的想法：也許用來轉移的細胞核，最好是選用經過充分休息一段時間的細胞，這樣它才有時間整理好亂成一團的DNA，重新開始高度邏輯、極精密的胚胎製造大業。

於是羅斯林的科學家們動手取了在分化終點準備休息的乳房細胞，讓它們在培養皿裡增殖。培養基是營養充分的生長環境，但是坎培爾限制營養供給，讓細胞在飢餓狀態下生存。細胞很快就不再分裂、進入靜止狀態。之後就像前面說過的，羅斯林的科學家們做了核轉移。在 277 次的核轉移之中，只成功孕育了一個桃莉（圖 4-2）。

為什麼 277 個核轉移的新細胞中就只有一個桃莉成功誕生？失敗的細胞哪裡出了問題？

我們先來看看正常受精卵的發育過程。自然狀態下，哺乳類（包括羊）從排卵、受孕到著床的過程跟人類很像：卵子離開卵巢後在輸卵管內受精，然後一面分裂一面向子宮運行。受精卵在第一次分裂時形成兩個細胞，接著繼續分裂成 4 個、8 個、16 個細胞，這時細胞團形成一個實心胚，稱為桑椹胚。桑椹胚的細胞

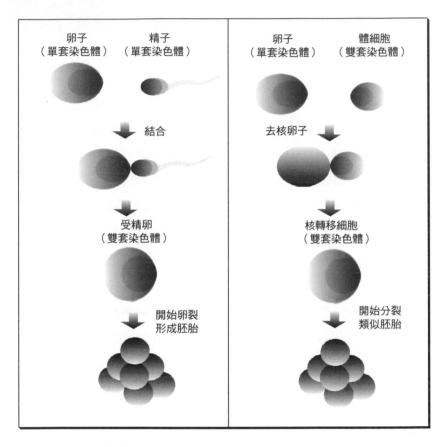

圖 4-2 核轉移技術是利用卵子的細胞質和體細胞的染色體,融合成一個類似受精
　　　卵的細胞,有完整的兩套染色體和啟動卵裂所需的一切信息。不同的是,
　　　核轉移細胞所有的染色體都來自單一個體,受精卵的染色體則來自兩個個
　　　體。因此核轉移技術製造出來的後代,會表現供核者的性狀。

繼續分裂，細胞團開始分為內外兩層及一個空腔，稱為囊胚，然後進入子宮腔。囊胚外層的扁平細胞是滋養層，腔內側的一群細胞是內細胞團，內細胞團會在未來發育成嬰兒。而滋養層的細胞則伸進子宮壁，長成胎盤、著床。著床的動作需要用到一種基因（同源匣基因 *cdx2*），缺乏這個基因的囊胚無法著床（圖 4-3）。

羅斯林研究所製造的核轉移新細胞就等同於受精卵。他們利用弱電流融合乳腺表皮細胞和去核的卵子。用這種方法製作出的新細胞就具有乳腺細胞主人全部的遺傳物質加上卵子的細胞質

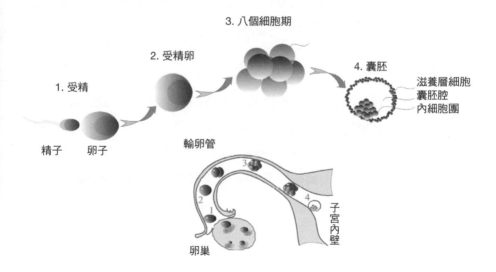

圖 4-3 在自然受精的情形下，精卵結合成受精卵，然後開始卵裂，1 個受精卵變成兩個細胞→ 4 個細胞→ 8 個細胞→ 16 個細胞……→形成實心的桑椹胚；到第 4、5 天開始形成中空的囊胚，準備著床。其中囊胚內細胞團是功能廣泛的幹細胞，以後內細胞團將分化成約 200 種細胞，並且發育成胎兒。

了，其中細胞質扮演了操控胚胎發育的關鍵性角色。

接著將新細胞放到母羊輸卵管內孕育——輸卵管事先已經結紮，讓胚胎只會停留在輸卵管內不會進入子宮，以免之後找不到胚胎。6天後，取出胚胎觀察發育情形。放到母羊肚子裡的新細胞共有277個，但是取出來的247個當中只有29個發育成桑椹胚或囊胚，其餘都失敗了。也就是說，核轉移新細胞發育成胚胎的成功率大約是11%。這29個桑椹胚或囊胚再被放到13隻母羊肚子裡，最後只有桃莉成功出世。懷孕的過程需要精確的賀爾蒙調節。其餘的桑椹胚或囊胚，可能由於母羊的賀爾蒙狀態不適合胚胎發育，所以失敗。

桃莉羊的血緣

孕育過程曲折離奇的桃莉羊，我們該如何看待牠的血緣？

在自然狀況下，不管是人還是羊，體細胞的核裡面都有兩套染色體。其中一套來自父親精子，一套來自母親卵子，精卵結合後成為擁有兩套遺傳物質的受精卵。受精卵是全能幹細胞，一個完整的生物體所有的細胞都是從這一顆受精卵增殖分化來的。

桃莉的起源是一顆核轉移的細胞，一隻多賽羊所提供的乳房細胞和一隻黑面羊所提供的去核卵細胞，最後再由另一隻黑面羊孕育出生。

喜歡悠閒地在青青草原上吃草的桃莉，偶爾會抬頭望著天上的雲朵，也許是在問天吧：「我是誰？我的爸爸是誰？我的媽媽

是誰？」

　桃莉是誰？無疑的，牠是一隻史無前例的多賽羊。就基因的觀點來看，牠的爸爸媽媽就是那一隻提供了乳房細胞的多賽羊的爸爸媽媽，而那隻多賽羊就是桃莉的孿生姊姊，只是桃莉比孿生姊姊晚了 6 年半出生。

　桃莉另外還有一個粒線體媽媽。羅斯林的科學家統計過，每 1 個乳房細胞有 2 千到 5 千個粒線體，卵子有 10 萬個粒線體。由於核轉移的新細胞擁有卵子和乳房細胞的細胞質，桃莉的粒線體應有 2% 至 5% 來自多賽羊，其餘則來自黑面羊。

　細胞的遺傳物質除了細胞核的染色體 DNA 之外，還有些不在核裡面，而在細胞質的粒線體（能源工廠）裡，稱為粒線體 DNA。粒線體 DNA 是一種環狀的 DNA，這一點跟細菌類似。由於精子的粒線體 DNA 不會進入卵子裡面，所以受精卵所有的粒線體 DNA 都是由卵子提供，可知粒線體 DNA 是一種純母系遺傳的 DNA。粒線體 DNA 只佔全部基因體的一小部分，大約二十萬分之一，其餘遺傳物質都是核染色體的 DNA。

　但是不知道什麼原因，科學家從桃莉的組織中找到的粒線體，卻完全都是來自黑面羊的卵細胞。也就是說，無性生殖的桃莉，染色體來自供核者，粒線體則來自供卵者。

　利用這一點，粒線體的型態在鑑定複製動物的來源時就變得非常重要了。假設一位科學家聲稱，他利用無性生殖技術製造了一隻動物，我們要怎麼判斷這隻動物和被宣稱提供細胞核的動物

之間的血緣關係？如果這兩隻動物的細胞核 DNA 指紋顯示出一致性，就可以證實牠們之間的無性生殖關係嗎？不行，還要比對粒線體 DNA。如果那隻等待確認的動物，粒線體 DNA 指紋與供核者一模一樣，那麼這兩隻動物根本就是同卵雙胞胎，而不是無性生殖的關係。也就是說，無性生殖動物的染色體固然來自供核者，粒線體卻來自供卵者。

桃莉的爭議

桃莉誕生的消息一曝光，來自全球的媒體人和轉播車立即充斥在蘇格蘭鄉間通往羅斯林的靜謐小路上。各式報導無遠弗屆，世界上每一個人都知道有一隻不曾經過精卵交配過程就誕生的羊。人們心裡大概都有些矛盾，一方面人類似乎更有能力掌控生物世界，另一方面則又不免疑慮，這個能力會不會失控，終究造成人類的浩劫？

輿論界立刻分成兩派，口水戰在不同信念的加持下蔓延。政治家、宗教家、倫理家、消費者運動家和法學家大致持批判的態度，生物學家、科學家、投資者則對未來躊躇滿志。當時法國總統席哈克立刻宣布要求七大工業國（G7）禁止複製人的實驗，還召集一組專家，研究「人類對可能出現的複製人產生的恐懼與幻想」。德國和中國都宣稱禁止複製人的態度。世界衛生組織秘書長認為：「複製人是一種極端的實驗，由於褻瀆複製人本人的尊嚴，所以應該絕對禁止。」羅馬教廷表示：「就算複製人成為

事實，萬物還是上帝創造的，複製人沒有違背教廷的教義，否則該如何看待同卵雙胞胎？」一位職業批評家更高聲呼籲：「涉及複製人實驗的相關人士都要判重罪，而且刑罰要比強姦既遂犯還重。」

儘管評論家說得頭頭是道，跟生技類相關的股票卻也老實不客氣猛漲了一波。

美國康州大學的史密斯，利用互補 DNA 晶片比較牛的體內受精、體外受精（即試管嬰兒）、無性生殖三種胚胎的基因表現資料，要看看體外受精和無性生殖哪一種比較接近自然的體內受精，結果發現無性生殖比較接近體內受精。雖然不能單憑一個研究就定論無性生殖胚胎比體外受精胚胎正常，但這項結果的確顛覆了以往想當然耳的觀念。

早老的桃莉

2003 年春，桃莉已經 6 歲又 7 個多月。由於她苦於老羊常見的嚴重肺病（腺病毒造成）和關節炎，羅斯林研究所替她選擇了最有利的安樂死。

羅斯林發表聲明指出，獸醫對桃莉羊進行體檢後發現，她已經出現無法治癒的「進行性肺病」症狀，且症狀不斷加重、狀況不斷惡化，因而決定讓她長眠。

綿羊通常能活 11 至 12 歲，年老綿羊肺部受到感染的現象很普遍，特別是那些長年生活在室內的羊。科學家現在面臨的問題

是，為什麼桃莉 6 歲就罹患這種老年疾病？

　　早在 1999 年，科學家就發現剛滿 3 歲的桃莉已經出現早老的症狀。由於桃莉的 DNA 來自一隻 6 歲的成年綿羊體細胞，因此剛出生的桃莉，DNA 年齡已經不小。不過桃莉在其他方面似乎一切正常，還生育過 6 隻小羊。

　　桃莉誕生後很健康地長大，並且於 1998 年順利產下幼羊邦妮，1999 年又生下 3 隻小羊。但也在同一年，羅斯林的科學家發現牠的染色體兩端的端粒比同齡正常出生的羊來得短。由於隨著細胞一次一次的分裂，端粒會越來越短，桃莉一開始形成胚胎時染色體的端粒就是 6 歲大的端粒，科學家猜測這就是她早老的原因。桃莉早老的啟示是：即使無性生殖成真，卻不表示從此肉身可以長生不老。

　　我們人類的染色體也有端粒。端粒是一個接著一個的重複DNA 片段。我們的染色體兩端大約有 2 千個端粒，負責保護染色體完整。但是每一次分裂都會損失幾十個端粒，所以端粒越來越短，人也越來越老。

　　桃莉死後被收集在愛丁堡的蘇格蘭博物館皇家分館永久展示，繼續昂然站立著吸引來自世界各地學子的目光。至於羅斯林，這幾年突然變成朝聖者與觀光客必訪之地，訪客為了循一條「玫瑰線」（Rose line）探索聖杯的秘密，這個秘密——被丹·布朗揭露在《達文西密碼》一書之中——就在羅斯林大教堂裡面。羅斯林大教堂與桃莉故居相距不到一公里。

桃莉之後的複製動物

桃莉誕生一年後，巴西獸醫把牛的桑椹胚細胞打散成分離的細胞，培養幾天後再分別移植到幾隻母牛肚子裡，製造出一模一樣的同卵多胞胎。這是在實驗室製造的同卵多胞胎，但不是利用單一細胞核轉移製作的無性生殖，跟羅斯林不同。這種相較簡單的技術，可以運用於挑選肉質最佳或是產乳量最豐沛的畜產，大量繁衍。

1997 年 7 月，羅斯林再度發表突破性的生物技術。他們利用綿羊胎兒細胞複製了 5 隻小綿羊，這次他們嘗試在羊的基因體裡面插入一個人類基因，可以確認其中一隻叫做「寶莉」的複製羊，基因體裡面有人類的基因。寶莉儼然成為一家蛋白製劑藥廠，如果這個辦法行得通，日後人類許多疾病只要交給寶莉處理就可以了。

同年 8 月，美國一家小公司（ABS）宣稱他們用威爾慕特的核轉移技術繁殖出 10 隻牛，其中一隻公牛被命名為「基因」。這些牛跟桃莉不同的地方在於，核轉移之後的新細胞先經過一次增殖、打散，所以可以同時製造很多隻遺傳物質一模一樣的複製牛。無性生殖技術立刻讓人們想到瀕臨絕種動物，甚至已絕種動物都得救了。此外，利用無性生殖加上轉基因技術，也許可以逐漸打破異種之間組織移植的藩籬。

從桃莉誕生至今，人類已經成功複製十多種哺乳類動物，採

用的方法就是體細胞核轉移,製造出類似受精卵的細胞。但是這種類似受精卵的核轉移細胞發育成動物新生兒的成功率,只有 1 至 5%。一般看法認為,這是因為體細胞 DNA 在核轉移接觸到卵子的細胞質之後,應該進行的重設動作沒有徹底執行,所以發育成新生兒的成功率遠低於自然受精的受精卵。

自從複製羊桃莉來到我們這個凡夫俗子的世界,引發世人震驚之後,複製動物的消息就越來越不稀奇了。例如檀香山複製小鼠、義大利複製瀕臨絕種的馬、巴西複製牛、中國複製山羊、莫斯科複製騾子、德州農機大學複製了牛、羊、豬、貓、白尾鹿、中法合作複製大鼠和兔子,英國複製豬等等。在這串名單之中,獨缺靈長目和狗。(圖 4-4)

其中與人類最接近的靈長目曾有過功敗垂成的實驗。匹茲堡大學的夏騰對 724 個恆河猴卵細胞進行核轉移操作,獲得 33 個猴子的早期胚胎。植入這些早期胚胎到代理孕母體內後,它們統統沒有發育成小猴子。科學家們分析後發現,恆河猴胚胎細胞內的染色體出現了紊亂。通常染色體在有絲分裂過程中需要藉助紡錘絲,紡錘絲會把每一個染色體和它的複製品分別往兩極拉開,因此染色體可以平均分布到兩個子細胞。不知道什麼原因,猴子胚胎的紡錘絲結構卻雜亂無章,造成子細胞染色體數目不正常。短期內這個問題不容易解決,在複製猴的技術障礙未突破之前,複製人應該只是科幻片劇作家想像中的產物。

狗呢?狗為什麼不容易複製?原來狗的卵子在排出卵巢的時

圖 4-4 科學家在實驗室裡製作的一部分無性生殖動物。圖中這些無性生殖動物，
供應細胞核的分別是馬、犬、小豬、冷凍十幾年的死鼠、已絕種的山羊、
異種雜交的騾。當今的技術要複製「人類」以外的許多動物已經不是太困
難的事了。

候還沒成熟，必須進入輸卵管以後才逐漸完成特化，之後才能受
精。因此狗的無性生殖試驗，在取卵這道手續上變得十分麻煩。
再者，狗不像人可以利用賀爾蒙刺激排卵，必須等待半年一次的
自然排卵。此外，狗要懷孕必須先經過由賀爾蒙控制的生理變
化，這個變化很難人為操控。

　　2005 年 8 月，南韓科學家黃禹錫，在《自然》期刊發表他成
功複製一隻阿富汗獵犬的消息，匹茲堡的夏騰是共同作者。他們

細胞種子

從一隻三歲阿富汗公獵犬的耳朵取得皮膚細胞，並且從狗的輸卵管收集已經成熟的卵細胞，而不是從卵巢收集減數分裂還沒完成的卵細胞。然後利用核轉移技術融合皮膚細胞和去核卵子，他們使用了 1095 個胚胎，放入 123 隻拉不拉多犬代理孕母身上。結果 3 個胚胎懷孕成功，1 隻流產，1 隻出生後 22 天死於肺炎，只有 1 隻阿富汗公獵犬於 2005 年 4 月 24 日經剖腹產出，是史上第一隻複製狗。牠的名字是「史納比」。

二、實驗室裡的人類胚胎幹細胞

不管人類或其他動物，在自然狀態下都是從單獨一顆受精卵細胞發育來的。

人體大部分的細胞都是有了雙套遺傳物質，才能正常生長、分裂、分化。但是成熟的生殖細胞（卵子和精子）則只有單套遺傳物質，只有在單套的精、卵結合成雙套的受精卵之後，才能開始發展成嬰兒。

卵子一旦受精就會開始一分為二地分裂，所以會有兩個細胞期、四個細胞期等。之後繼續分裂形成桑椹胚，在約 50 到 100 個細胞期形成囊胚，囊胚由外層細胞、內細胞團及空腔所構成。

外層細胞是滋養層，以後會分化長成胎盤。胚胎的血液流經胎盤，在這裡從母親的血中取得營養素，並且把代謝廢物交給母親血帶走。這個過程中，胎兒血液並沒有與母親的血液混合，而是透過細胞構成的薄膜控制物質交換。

之後內細胞團會分化成人體中所有 200 多種的細胞。因此雖然構成內細胞團的每一個細胞一開始都一模一樣，但往後的命運

卻會非常不同。有的可能分化成腦神經，就此終老；有的則可能
分化成血細胞，終身不斷忙碌分裂。所以囊胚期的內細胞團細胞
可塑性很大，是多能性幹細胞，胚胎幹細胞指的就是這些細胞。
它們的分化潛力仍比不上受精卵或分裂早期的細胞，受精卵和分
裂早期的細胞（也就是卵裂球）會發育成滋養層和構成人體的所
有細胞，因此是全能幹細胞。內細胞團既然不能分化出滋養層細
胞，它們就沒辦法長成一個完整、可以生存的胚胎。

　　內細胞團會接著形成內、中、外三個胚層，並且開始製造
各種組織。內胚層負責製造肝、腸、肺等內臟，中胚層分化成骨
骼、肌肉、血液等器官，外胚層則是皮膚、神經系統的來源（見
圖 1-9）。

　　研究胚胎幹細胞除了可以讓科學家了解分化的過程，也有實
際使用的價值。假如可以知道胚胎幹細胞是怎麼一步一步朝神經
細胞的方向分化，或許有一天就可以在實驗室或人體內誘導胚胎
幹細胞分化成腦細胞，以治療中風、脊髓傷害、帕金森症、肌萎
縮側索硬化症等目前無法治癒的疾病。

　　早在 1981 年就有科學家分離出小鼠的胚胎幹細胞，有了這
個突破以後，科學家便擁有哺乳動物模式來研究幹細胞的分化過
程。之後陸續有人分離出恆河猴、絨猴等靈長類，以及人類的胚
胎幹細胞，但是培養不了幾代細胞就自動分化了，因此實驗室無
法擁有胚胎幹細胞株來做為控制下的分化研究之用。

湯姆森從人類早期胚胎取得胚胎幹細胞

　　美國威斯康辛大學的湯姆森和約翰霍普金斯大學婦產科教授吉爾哈特，於 1998 年，分別利用不同的方法成功培養人類胚胎幹細胞株。人類胚胎幹細胞培養成功的消息照例引發議論，宗教的影響力在此時透過政治家顯露無遺，禁止人類胚胎幹細胞研究的法案迅速中止這門科學的進展。

　　湯姆森曾經從恆河猴的囊胚分離出世界第一株靈長類胚胎幹細胞。基於這個基礎，他嘗試從不孕症門診的夫婦捐出的多餘試管胚胎，分離出內細胞團。以體外受精技術治療不孕夫婦的過程當中，通常一次會製造好幾個受精卵，然後取少數幾個受精卵植入子宮，多餘的受精卵則冷凍起來，以備這次受孕失敗時重新植入之需。

　　湯姆森想要利用多餘的受精卵發育成胚胎，取得其中的細胞。問題是，每次取出解凍之後，最多只能讓受精卵在實驗室長到第 2 天或第 3 天，如果沒有植入子宮內，胚胎在第 3 天以後就會壞掉。因此這裡有一個瓶頸，從受精到形成囊胚大約要 5 天，甚至一個禮拜，可是胚胎 3 天後就會壞掉，怎麼辦？

　　湯姆森的高明就是突破了這個技術瓶頸。他改進以往實驗室只使用一種培養液的習慣，而分別仿照輸卵管和子宮的環境使用兩種不一樣的培養液，終於順利讓受精卵長成囊胚，而且囊胚內部有健美的內細胞團。至於內細胞團的取得，他採用「免疫手

術」的方法，利用人類細胞的抗體和補體，它們是免疫系統的炸
彈，破壞囊胚外細胞層，留下內細胞團，然後培養在以小鼠纖維
細胞鋪設成滋養層的培養皿（圖 4-5）。

　　經過挑選型態一致的未分化細胞重複培養，最後從 14 個囊
胚中建立起 5 個人類胚胎幹細胞株。這些幹細胞的特點是細胞核
很大、核仁明顯、端粒酶活性很高。我們知道染色體末端大約有
2 千個端粒，細胞每一次分裂都要用掉幾十個端粒，因此細胞分
裂的次數是有限的。幹細胞有端粒酶，由於端粒酶可以補足端粒
的長度，是永生細胞必備的特色，因此幹細胞有永生的潛力。分
化出去的細胞沒有端粒酶，就一路往成熟細胞發展，最終在有限

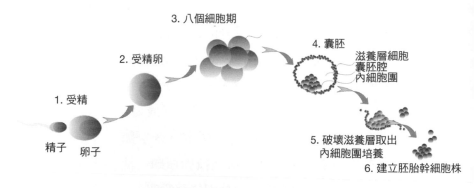

圖 4-5 不孕症門診體外受精的過程會製造出多餘的胚胎，這些多餘的胚胎通常就
　　　扔掉了。如果培養這些多餘的胚胎到囊胚期，就可以取囊胚內細胞團培養
　　　成胚胎幹細胞株。但是摘取內細胞團的過程會破壞囊胚，這正是爭議的地
　　　方，因為反對幹細胞研究的人認為這種行為無異於殺人。

次數的分裂以後死亡。

　　湯姆森取這些胚胎幹細胞，移植到沒有免疫排斥能力的小鼠身上。發現幹細胞發育成畸胎瘤，在腫瘤裡面可以看到有骨骼、軟骨、肌肉、脂肪、神經及皮膚，胚胎所有三個胚層的組織都出現了，只是沒有依照正常的位置排列，不是真正的胚胎。表示胚胎幹細胞可以分化為不同胚層的組織，因此胚胎幹細胞是多能性幹細胞。

　　形成畸胎瘤是胚胎幹細胞的特徵。我們的胚胎在形成初期就分成三個胚層，然後各自分化，未來分化成皮膚跟神經的外胚層就不會分化出肌肉跟骨骼，那是中胚層的責任。因此單純一種細胞卻可以發育成三個胚層，表示在分化樹上，這種細胞是位於主幹，而非枝枝葉葉。

　　但是這個特徵也提醒我們必須十分謹慎。設想如果要用幹細胞治療幼年型糖尿病，那是一種缺乏胰島細胞的疾病，可是幹細胞卻在胰臟裡頭長出了牙齒、頭髮來，是一件多麼麻煩的事。所以了解如何控制胚胎幹細胞分化的方向是幹細胞研究的一個重要主題。

吉爾哈特利用人類胚胎生殖細胞製作幹細胞

　　就在同時，吉爾哈特帶領的研究小組，也從終止妊娠的胎兒組織中分離出胚胎幹細胞。他們從 5 到 9 週齡的人工流產胎兒分離出「原始生殖細胞」，為什麼要用原始生殖細胞？這是因為之

前已經有科學家從小鼠胎兒取得原始生殖細胞,成功在實驗室中培養存活。而且,這種細胞有辦法把生物的遺傳藍圖,轉換成他們的下一代。

於是婦產科醫生吉爾哈特想辦法從治療性流產的早期胚胎,尋找一個比米粒還小的部位。只有在適當的時機原始生殖細胞會移行到那裡,之後很快就會朝生殖細胞的分化途徑上路,所以要捕獲它們也很不容易。吉爾哈特取到原始生殖細胞,培養在實驗室,加上一些生長素的輔助,終於發展出多能性胚胎幹細胞。由於實驗取用的是治療性流產的、不要的胚胎殘餘,比起破壞還可以生存的胚胎以取得幹細胞,可能比較不會造成倫理爭議罷?

為了區別湯姆森跟吉爾哈特用不同方法所取得的幹細胞,前者統稱胚胎幹細胞,後者統稱胚胎生殖細胞,兩種都是多能性幹細胞(圖 4-6)。

吉爾哈特在面對媒體時說道:「科學家不僅要有能力製作神經、肌肉、皮膚,或其他可供移植的組織,也要有能力改造這些細胞,降低移植後排斥的可能。我們可能製作出通用的細胞,也要製作特異的細胞,提供治療糖尿病、脊髓損傷、神經退化、血管硬化,乃至傷口復原之用的種種組織。」

要普遍使用從幹細胞誘導分化的成熟組織之前,必須先克服組織排斥的問題。否則移植的細胞被宿主排斥無法生長,也是白忙一場。吉爾哈特提出幾個可能可以克服難題的策略,包括:

● 建立幹細胞銀行,儲存各種組織相容型的幹細胞,供應不

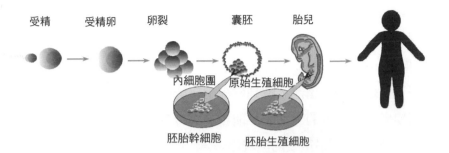

圖 4-6 湯姆森和吉爾哈特於 1998 年分別用不同的辦法培養出人類胚胎幹細胞株，一舉突破了多年來的瓶頸。湯姆森取用的細胞來源是不孕症門診用剩的、試管胚胎囊胚期的內細胞團。吉爾哈特則取用治療性人工流產胎兒的原始生殖細胞。利用這兩種方法取得的細胞都可以培育成細胞株，也都具有分化為三個胚層的潛力。

同的需求者。

● 基因改造幹細胞，讓它成為通用的組織相容型，這個想法在小鼠實驗已經有一些成果。

● 按照客戶需求特別訂製幹細胞，把客戶的組織相容基因導入幹細胞，讓幹細胞表達病患的特徵，以避免排斥的問題。

● 利用核轉移技術製作需求者的幹細胞，也就是類似製作桃莉羊的方法，轉移病患的細胞核給去核卵子，然後培養成多能性幹細胞。這種細胞表達的是病患的基因，因此沒有組織排斥的問題。

吉爾哈特的童年生活並不順遂。6 歲喪父，往後 10 年在孤

兒院長大。進入大學之前，孤兒院管理員說：「何必浪費錢？你又不可能有什麼成就。」他還是上了大學。原本計劃學習園藝，「但是一碰到遺傳學，就愛上它了。」習醫之後致力於唐氏症的研究，這個經驗讓他了解到幹細胞研究的必要性。現在他是美國醫學界最有成就的人之一，他和湯姆森分別發展出來的幹細胞技術，是 20 世紀最重要的發現之一。

約翰霍普金斯大學、吉爾哈特共同持有著名的幹細胞生技公司 Geron 的部分股權，是產學合作的典範。

吉爾哈特的胚胎生殖幹細胞一定啟發了許多科學家的靈感：若不是出生之前的胚胎而是出生以後的個體，生殖幹細胞有沒有類似胚胎幹細胞的潛能？

2006 年《自然》期刊揭載一項重要的發現，德國哥廷根的研究團隊成功從小鼠精巢分離出精子的幹細胞，並且培育成幹細胞株。突破的地方在於這個幹細胞株竟然表達了胚胎幹細胞特有的細胞標記，而且這些幹細胞可以分化成所有三個胚層的組織。因此，雖然它是成體幹細胞，卻具備胚胎幹細胞的特性。研究者相信，應該可以用一樣的方法從男人身上分離出精巢幹細胞，以及從女人身上分離出卵巢幹細胞。假如預測成真的話，以後再生醫療就可以利用這種具備胚胎幹細胞的能力，卻普遍存在於每一個成人體內的細胞了。以細胞的特性來說，取自生殖腺的幹細胞具備胚胎幹細胞的潛能，這個假設很說得通。好處是完全不必破壞胚胎，也不必引用無性生殖技術。

幹細胞的獨特性

幹細胞跟體內其他所有細胞不同。幹細胞有三個獨特的性質：

一、幹細胞沒有特化。

幹細胞沒有特化組織的細胞構造，因此沒有特化細胞的功能。幹細胞不像心肌細胞可以壓送血液到身體各部，不像紅血球可以輸送氧分子，不像神經細胞可以發動電化學信號給肌肉，讓人可以動、可以講話。

二、幹細胞可以長期分裂產生新的幹細胞。

心肌、紅血球、神經細胞如果損毀或老舊了，舊細胞沒辦法產生新的細胞。幹細胞則不同，它可以複製很多次。如果實驗室一開始培養一些幹細胞，幾個月後可以增殖成幾百萬個幹細胞。

但是要在實驗室中培養幹細胞並不容易。從實驗室知道怎麼培養老鼠幹細胞到學會怎麼培養人類胚胎幹細胞，共費時 20 年。

當前的技術可以讓胚胎幹細胞在實驗室中增殖一年或更久而維持不分化，成體幹細胞則沒辦法。什麼樣的條件可以讓幹細胞維持增殖而不分化？這是科學家仍然在摸索中的、進一步研究幹細胞的關鍵技術。

三、幹細胞可以分化成特化細胞。

從還沒特化的幹細胞變成特化細胞的過程稱為分化。科學家才剛開始試著去尋找促成幹細胞分化的信號，其中細胞內部分化信號是由基因所控制，基因位在細胞核的 DNA 裡面。細胞外部分化信號則包括來自其他細胞釋出的信息因子、與相鄰細胞接觸的情形、以及細胞所在環境中的某些分子。日本東京大學海洋科技研究所的研究發現：取雄鱒魚精巢的細胞（魚的生殖幹細胞）植入母魚的卵巢，這些細胞會發育成卵子。取這些卵子做人工授精，可以發育成健康

小魚。這就是外部分化信號的力量。

　　現在未解的問題還包括：是否所有幹細胞都用類似的內部信號跟外部信號發動分化？有沒有辦法找出一整組的信號讓人類的意志來導引幹細胞分化？如果要利用幹細胞治療疾病，這些問題必須完全搞清楚。

　　一般而言，成體幹細胞的工作是製造它所居住的組織一樣的細胞，例如骨髓內的造血幹細胞可以製造紅血球、白血球、血小板。直到最近有一些實驗證實成體幹細胞可能可以製造與週遭環境不同的組織細胞，例如造血幹細胞可製造心肌細胞或腦細胞、肝裡面的細胞可以導引分化為生產胰島素的細胞等，這是幹細胞的可塑性。幹細胞具有可塑性是很重要的發現，因為利用成體幹細胞治療疾病沒有爭議性，是目前研究的主要方向。

量身訂做的核轉移人類幹細胞

　　製作桃莉羊的科學成就給我們很大的期待。由於胚胎幹細胞具有分化為身體各種細胞的潛力，如果可以用病患自己的體細胞製造早期胚胎，再從中提取幹細胞，誘導分化成所需要的組織細胞，就可以取代患病的組織而不會引起排斥反應了。核轉移技術若可以製作人類胚胎幹細胞，許多目前無法治癒的疾病，很可能會得到根本的治療。

　　曾經有人宣稱製作出量身訂做的核轉移胚胎幹細胞，可惜終

究是黃粱一夢。因成功製作無性生殖犬史納比而名滿天下，成為韓國英雄的黃禹錫，以核轉移技術，無性繁殖出人類胚胎，並提出了胚胎幹細胞的論文，刊登於 2004 年的《科學》期刊。2005 年，黃又發表了驚世論文：他為 11 名罹患幼年型糖尿病、脊髓損傷、帕金森症、先天性免疫不全等病患量身訂做胚胎幹細胞。科學界認為他開拓了治癒疑難雜症的新路線，是一件驚動全球的大新聞。黃在文章中寫明他的方法，他用病患的皮膚細胞和志願者捐出的 185 個卵子做核轉移，製作出 31 個囊胚，最後成功培育出 11 個胚胎幹細胞株。

可是過了不久，團隊中有人批露這些研究造假，一時引發軒然大波。2006 年首爾大學調查委員會舉行記者會，公佈「黃科研小組幹細胞成果」最終調查報告。調查委員會表示，2004 年《科學》期刊的「核轉移人類胚胎幹細胞」和 2005 年的「與患者基因吻合的特製胚胎幹細胞」，全部出自編造，黃發表的人類幹細胞研究統統是偽造的。調查委員會說明，2005 年發表的幹細胞根本不存在；即使僅存的兩個胚胎幹細胞，和黃提交論文後培育成功的幹細胞，也不是核轉移製作的無性生殖細胞，而是受精卵胚胎幹細胞。至於論文所使用的 DNA 指紋分析、畸胎瘤和胚胎照片、組織相容性、血型分析等都純屬編造資料。調查委員會確認了史納比的確是用核轉移技術製造的無性生殖狗，委員會比對了史納比、提供體細胞的狗、代孕狗及提供卵子的狗後，做出上述結論。

當時擔任首爾大學校長的鄭雲燦針對黃案發表「對全國民眾

道歉書」，除了表示必將嚴懲以外，還留下了一段非常經典的話：

「此次事件存在著不能僅僅怪罪某一個研究者的層面，我們大多數人也許犯了將胚胎幹細胞研究過度膨脹為國民之希望的錯誤，拿為了罹患疑難雜症的街坊鄰居著想的藉口，將生命倫理價值置之度外。……雖然科學是以正直和誠實為基礎，但也必須警惕對科學成果所抱持的過度幻想。我們必須正視在過去的兩年歲月裡，忘卻了此一基本命題，而浪費了人力和物力資源的事實。至於參與並造成此一泡沫現象的人士，也務必深深自省。」

這個事件恰好跟魯迅寫的的一段文字若合符節。魯迅在《扣絲雜感》中，有一段「包圍新論」，論及「猛人」和包圍者的關係，並由此推及老是重演的歷史：

「無論是何等樣人，一成為猛人，則不問其『猛』之大小，我覺得他的身邊便總有幾個包圍的人們，圍得水泄不透。那結果，在內，是使該猛人逐漸變成昏庸，有近乎傀儡的趨勢。在外，是使別人所看見的並非該猛人的本相，而是經過了包圍者的曲折而顯現的幻形。」

鄭雲燦說的：「必須警惕對科學所抱持的過度幻想」，應該是給我們最實在的忠告。

三、人類胚胎幹細胞爭議

湯姆森和吉爾哈特突破性的研究，完全沒有獲得美國政府預算執行單位國衛院的補助，倒是私人公司（Geron）提供了他們研究的資金。為什麼？這不是非常重要的研究嗎？這個突破不是可以帶來很多治療疾病的新希望嗎？不是有許許多多的病患等著幹細胞醫學來治療目前無望的頑疾嗎？

胚胎研究的禁令

依據美國的法律，拿納稅人的錢資助胚胎幹細胞研究，可能牴觸從 1996 年開始生效的迪奇—威克修正案。這是一個附帶於年度預算的國會法律，從 1996 年至今每年通過，不曾更改。因此美國國衛院依據迪—威克修正案禁止補助下列研究：

（a）本款不得提供下列用途——

（1）建立人類胚胎以供研究。

（2）會讓胚胎遭受破壞、拋棄、傷害、致死的研究。

（b）本節所指的人類胚胎包括經由受精、單性生殖、無性生

殖，或任何從一個或多個生殖細胞或體細胞得到的個體。

這個禁令正是美國不能投入胚胎幹細胞研究的法源。

自從 1998 年人類胚胎幹細胞在實驗室裡面成功培養以後，由於它潛在的好處實在很多，因此國衛院尋求衛生人力部的法律解套。1999 年，衛生人力部提出解釋：「獲得人類胚胎幹細胞的過程不能使用公共預算，因為會破壞胚胎，但是已取得的胚胎幹細胞則可以。」

這些正反兩面互相牽制的政策，令人目不暇給。問題的根源，就在於人類胚胎幹細胞研究對胚胎造成的傷害，和可能帶來的好處，都言之成理。

胚胎幹細胞研究有明顯的好處。從胚胎幹細胞導引分化的組織，可以用來取代人體損壞的細胞、輔助功能減退的細胞重新獲得生命力、用於開發新藥、以及當做藥物不良作用的實驗材料，還可以用來研究如何操控胚胎形成過程的信息，藉以尋找疾病的原因和防治之道。但是胚胎幹細胞研究也有明顯的壞處：如果胚胎幹細胞的研究揭開太多人體形成的秘密，會有發展出複製人的疑慮，到時候必定讓人類社會面臨前所未有的恐慌、破壞社會安穩的結構。另一個壞處是，胚胎幹細胞研究不免要破壞胚胎，胚胎如果是有生命的，破壞胚胎無異於殺人。

因此，對於胚胎幹細胞的研究的看法，出現了壁壘分明的兩種立場。

贊成胚胎幹細胞研究的人主張，在自然的生育過程中常常也

會有一些卵子在受精後沒有著床到子宮內。因此儘管受精卵有發展成一個人的可能，但是至少在成功著床以前，胚胎不等於一個人。利用試管嬰兒技術幫助不孕的夫婦時，會多製造好幾個早期胚胎，從中挑選最好的植入子宮，其他的就丟棄。因此利用這些本來要被丟棄的胚胎做醫學研究，並不違背道德。

反對胚胎幹細胞研究的人則堅持生命始於受精的那一刻。他們認為胚胎也是人，因此任何需要破壞胚胎的研究都悖離道德。而且，既然成體幹細胞也有許多種分化的潛能，應該多研究成體幹細胞，不要研究胚胎幹細胞。

事實上，到目前為止，人體找得到成體幹細胞的組織只有少數幾個地方。像腎臟的幹細胞、胰島細胞的幹細胞，要去哪裡找？就算以後可以在腎臟或胰臟找到幹細胞，但是對病患而言，醫生不可能在病患還活著的時候取出他的腎臟或胰臟，從中分離幹細胞。想從死體捐贈的器官中取得成體幹細胞，一方面來源非常有限，就跟目前器官捐贈來源短絀一樣，另一方面畢竟有組織相容的要求，配對成功的機會渺茫。幹細胞要能讓病患普遍使用，就必須商業化，什麼來源的幹細胞才是更有利於商業化的選擇？

美國胚胎幹細胞政策

由於主要的人類胚胎幹細胞株是在美國建立的，可以說美國是人類胚胎幹細胞研究的龍頭。加上美國的宗教勢力常常具有影響政策的力量，因此在這個國家凡是涉及人類胚胎的研究，特別

容易產生發人深省的爭議。

隨著生物技術發達，近半個世紀以來，人類社會面臨好幾件跟生殖有關係的兩難議題。這些議題都在美國引起廣泛且精彩的爭辯，也因此讓人產生保守勢力很強大的印象。例如墮胎問題，美國聯邦最高法院認為，憲法應該保護婦女墮胎的權力，是 1973 年的事。在這之前，除非醫療的原因，例如懷孕會危及孕婦健康，否則墮胎是不被允許的。緊接著，1978 年，第一個試管嬰兒於英格蘭誕生。試管嬰兒技術比起自然受孕，顯然有太多人工操作，甚至可能是違抗自然創造人類生命。這些事件讓美國政府面臨輿論的壓力，於是國會立法禁止聯邦預算用於人類胚胎的研究。

後來的柯林頓政府基於道德與倫理的考量，於 1995 年簽署法案，禁止聯邦經費運用於因研究目的而創造的胚胎，利用培育試管嬰兒的過程製造的多餘胚胎進行研究是被允許的。但是人類胚胎是不是生命，或者幾天大的胚胎開始算是生命，仍有太多爭議，於是有 1996 年國會通過的迪奇—威克修正案，禁止聯邦預算使用於會破壞胚胎的研究，不管胚胎的來源為何。

1998 年，私人經費贊助的研究促成發現人類幹細胞。

2001 年 8 月，布希政府為幹細胞研究設限，只允許當時已登記的人類胚胎幹細胞株可供研究，禁止再破壞胚胎取得幹細胞。這個禁令禁止使用政府經費研究往後創立的胚胎幹細胞株。布希任內一直維持反對破壞人類胚胎，但支持成體幹細胞的科學研究。

　　布希政府認為，利用人類胚胎從事科學研究在道德上是錯誤的。批評者則指控布希阻礙了治療帕金森、失智、糖尿病等疾病的機會。

　　歐巴馬競選美國總統時表示，他將解除有關幹細胞研究資金的禁令。因為這個禁令限制了科學家的手腳，使美國的幹細胞研究落後於其他國家。2009 年 3 月，歐巴馬發佈幹細胞研究新政策，移除了補助新的人類胚胎幹細胞株的禁令。

　　歐巴馬的法案讓聯邦經費可以資助或主導數以百計現存的、以及州政府或私人經費贊助的人類胚胎幹細胞株。比起布希於 2001 年公告的，人類胚胎幹細胞研究僅限於當時已存在的 21 株幹細胞，歐巴馬的確放寬了聯邦經費使用於胚胎幹細胞研究的條件。但是迪奇─威克修正案禁止聯邦經費資助會破壞、拋棄、傷害、或讓胚胎死亡的研究的效力仍然存在，因此歐巴馬法案在實際執行上仍然有很多爭議。

歐亞與台灣的幹細胞政策

　　歐洲各國對於人類胚胎幹細胞研究的法律規範比較開放。例如奧地利、法國、德國以及愛爾蘭，雖然都禁止與胚胎相關的研究，但是並未禁止研究進口的人類胚胎幹細胞。西班牙、芬蘭允許在有限制的情況下進行胚胎研究。丹麥比較嚴格，只能做有關於控制受精的研究。在瑞典，胚胎研究是被允許的，只要倫理委員會通過，科學家甚至可以從事製造胚胎的實驗計畫。

英國則是所有的國家中態度最開放的，根據 1990 年通過的法案，科學家不僅可以針對捐贈的胚胎做研究，甚至可以自行創造新胚胎、或是為了幹細胞研究而複製胚胎。條件是必須獲得捐贈者的同意，而且必須在受精後 14 天內銷毀胚胎，因為胚胎 14 天內還沒有分化出神經系統，沒有痛苦的可能。

亞洲各國對人類胚胎幹細胞研究也是採取比較寬鬆的態度。日本雖然傾向准許這方面的研究，但是整個日本就只有京都大學有一株人類胚胎幹細胞，而且規範嚴格，申請取用就要花一整年。南韓的科學家多認為胚胎幹細胞研究的潛在利益遠超過潛在的危險。以色列國會在 1999 年通過法案，明確禁止利用胚胎幹細胞來進行基因複製、創造複製人，但是沒有禁止其他與醫療目的相關的研究。中國大陸是目前全世界規定最寬鬆的國家，他們嚴格禁止研究複製人，因為研究目的而製造新的胚胎則被允許。

台灣於 2002 年召開「醫學倫理委員會」，訂下胚胎幹細胞研究的倫理規範，其中規定胚胎幹細胞來源限於：

一、自然流產的胚胎組織。

二、符合優生保健法規定之人工流產的胚胎組織。

三、施行人工生殖後，剩餘的應該銷毀的胚胎，但以受精後未逾 14 天的胚胎為限。

另外，不可以拿捐贈的精卵、透過人工受精方式製造胚胎供研究使用。而且胚胎幹細胞應為無償提供，不可以有商業營利行為，並需經當事人同意。當然也規定胚胎幹細胞之研究不得以複

製人為目的。對於是否容許以核轉移技術製造胚胎幹細胞，則沒有定論。

2005 年初，聯合國法律委員會以 71 票贊成、35 票反對、43 票棄權，通過了「要求各國禁止有違人類尊嚴的複製人」的政治宣言。中國投了反對票，理由是「宣言用詞不清晰，混淆了治療性複製與生殖性複製這兩種複製研究在目的上的本質差異。治療性複製不存在倫理問題。」

治療性複製的目的是希望藉由生化分子和物理力的引導，讓幹細胞分化為任何想要的細胞，如神經細胞、神經膠細胞、多巴胺神經元、心肌、肝細胞、胰島細胞、眼角膜、骨細胞等等。為了讓細胞與病患的組織相容，因此利用核轉移技術，也就是製造桃莉羊一樣的技術，這樣製造出來的細胞具備卵子的細胞質和病患的遺傳物質。由於卵子的細胞質會重新設定遺傳物質的開關，因此遺傳物質被調回跟受精卵一樣的全能幹細胞狀態。以後從這個細胞培養的幹細胞株，就可以進入組織工程或再生醫學的用途，生產所需要的細胞（圖 4-7）。

核轉移技術衍生的最大疑慮，就是會不會有人運用這個方法製造複製人？從桃莉羊的經驗，我們知道複製動物的成功率很低，99% 以上的囊胚不能順利產出新生命來，而且大部分都是在懷孕晚期出問題，變成死胎，同時造成孕母生病甚至死亡。此外，再怎麼說，複製人都對人類社會沒有任何益處，也絕非科學發展的目的。

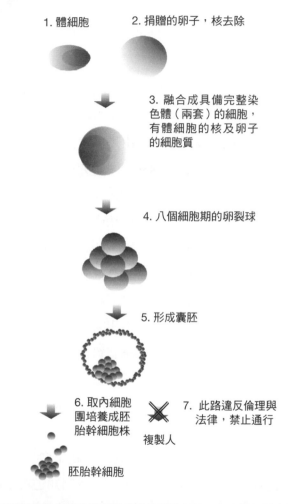

1. 體細胞　　2. 捐贈的卵子，核去除

3. 融合成具備完整染色體（兩套）的細胞，有體細胞的核及卵子的細胞質

4. 八個細胞期的卵裂球

5. 形成囊胚

6. 取內細胞團培養成胚胎幹細胞株

7. 此路違反倫理與法律，禁止通行

複製人

胚胎幹細胞

圖 4-7 利用核轉移技術製造的無性生殖胚胎是最熱門的科技，因為這個技術提供組織相容的幹細胞，可供進一步的組織工程或再生醫學之用。問題是，如果利用這個方法製造出複製人，將造成人類社會嚴重不安，所以核轉移技術會引起世界關注。依據美國的〈禁止複製人法案〉，從事或意圖從事複製人試驗的個人或團體，得處以至少 10 年的刑責及 100 萬美金罰款。我國及世界各國政府也都反對複製人的研究。

　　使用人類細胞進行核轉移技術還是有兩個問題：一個是這樣製造出來的囊胚還是有發育成複製人的潛能；另一個問題是，取用這個囊胚的內細胞團，算不算毀壞有生命的胚胎？

幾種擺脫爭議的作法

　　現在要製造胚胎幹細胞株，已經有幾種作法可以不破壞囊胚。

　　美國的藍札利用優生保健門診使用的「著床前遺傳疾病診斷法」，取 8 個細胞期胚胎的 1 顆卵裂球出來培養，加上營養素、生長素、細胞激素，和另外取得的幹細胞株培養在一起，利用幹細胞株釋出的信息因子讓卵裂子分裂成幹細胞，養出新的幹細胞株。剩下 7 個卵裂球的胚胎則會繼續健康、順利地成長為囊胚，著床，並且長大成為嬰兒，不會受到任何傷害（圖 4-8）。

　　以往要量身訂做胚胎幹細胞，就得採取核轉移技術，才能製造與病患遺傳物質相同的細胞。有人主張應該修改核轉移的做法，亦即使用於人類細胞的核轉移技術同時，還要加上基因改造，讓囊胚根本無法著床。美國的科學家發現，有一種基因（$cdx2$）是囊胚著床必要的基因，如果在核轉移的時候，先敲除這個基因，由於敲除基因的囊胚本來就無法著床，沒有發育成一個人的可能，因此沒有毀壞胚胎的爭議，也沒有複製人的疑慮。這個做法也許可以避免爭議，順利取得內細胞團製造幹細胞株（圖 4-9）。

細胞種子

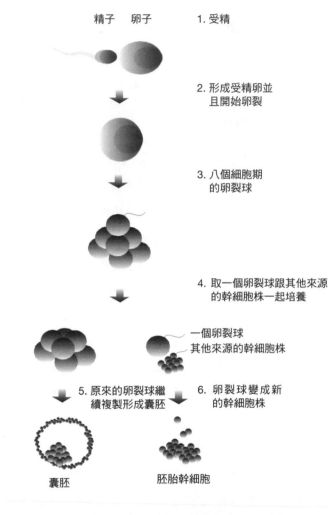

精子　卵子　1. 受精

2. 形成受精卵並
　　且開始卵裂

3. 八個細胞期
　　的卵裂球

4. 取一個卵裂球跟其他來源
　　的幹細胞株一起培養

一個卵裂球
其他來源的幹細胞株

5. 原來的卵裂球繼
　　續複製形成囊胚

6. 卵裂球變成新
　　的幹細胞株

囊胚　　　　胚胎幹細胞

圖 4-8 變通的辦法之一：優生保健門診有時候會取八個細胞期的一個細胞，培養
　　　後供遺傳疾病篩檢之用。幹細胞研究人員為了避免破壞胚胎的爭議，仿效
　　　優生保健門診的做法，從八個細胞期的胚胎取一個卵裂球做細胞培養，剩
　　　下的七個細胞會繼續發育成完整的胚胎，而一個卵裂球則可以培養成胚胎
　　　幹細胞株。

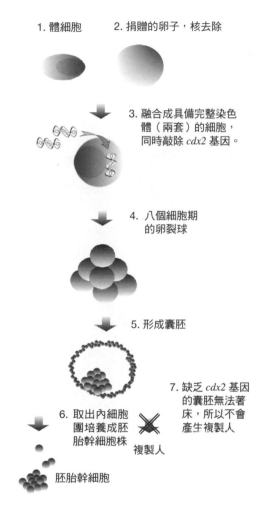

1. 體細胞　　2. 捐贈的卵子，核去除

3. 融合成具備完整染色體（兩套）的細胞，同時敲除 *cdx2* 基因。

4. 八個細胞期的卵裂球

5. 形成囊胚

6. 取出內細胞團培養成胚胎幹細胞株

7. 缺乏 *cdx2* 基因的囊胚無法著床，所以不會產生複製人

複製人

胚胎幹細胞

圖 4-9　變通辦法之二：另外一種核轉移技術，利用基因編輯技術敲除一個基因（*cdx2*），缺乏這個基因的囊胚無法著床到子宮內壁，因此不是胚胎。這種做法可以平息兩種爭議，包括毀壞胚胎的爭議，以及唯恐製造出複製人的爭議。

細胞種子

桃莉羊的誕生讓人類可以藉由體細胞核轉移技術創造生命，這是因為把分化了的體細胞核，轉移到除去細胞核的卵子裡面，卵子細胞質的信息因子可使植入的細胞核去分化，重設 DNA，讓融合細胞發育成為一個獨立的個體，因此重設乃成為研究當前哺乳動物早期胚胎發育機制熱門的題目。不同種的哺乳動物早期胚胎發育機制都很相近，因此利用不同種的卵子細胞質也可以重設體細胞核。例如牛的卵子細胞質可以支援羊、豬、猴、大鼠等核轉移細胞的早期發育。

人類跟動物之間呢？動物的卵子細胞質可以重設人類已經分化的細胞核 DNA，讓它重新走受精卵分化到成體這一條路嗎？如果可以的話，人類胚胎幹細胞研究最麻煩的一個條件——取得卵子，就可以繞過了。

2011 年 8 月，英國的新聞出現了「人獸胚胎產生半獸人」的聳動標題，指稱英國有科學家利用動物的卵子和人類的細胞核，製作核轉移幹細胞。其實早在 2003 年，中國上海生命科學研究院主辦的國際性學術期刊《細胞研究》，就發表了上海第二醫科大學盛慧珍的「人兔間核轉移胚胎幹細胞」研究論文。他們分別從 5 歲、42 歲、52 歲及 60 歲男人的皮膚中取出纖維細胞培養，藉弱電流讓人類纖維細胞與新西蘭兔去核卵子融合，成為人兔間的核轉移融合細胞。融合細胞發育形成囊胚，5 到 7 天後取出囊胚的內細胞團，得到了核轉移胚胎幹細胞。

由於供核的人有老有少，他們之間的比較就很有趣了。例如融合細胞發育成囊胚的效率有沒有差別？染色體重設的情形一不一樣？

　　結果發現，用 5 歲、42 歲、56 歲、60 歲的細胞核製作的融合細胞，發育成囊胚的比率都是 12% 左右，沒有顯著差別，表示人類細胞核進行重設的潛能並不隨衰老而減弱。此外，這些不同年齡的纖維細胞原本都沒有端粒酶活動，但是核轉移幹細胞則都表達出高度的端粒酶活性，證明端粒酶基因被成功活化了。由於細胞愈老端粒愈短，端粒酶具有增長染色體端粒的功用，因此可以讓核轉移細胞重新計算年齡，不必在供核者用剩的壽命中掙扎，是幹細胞醫學必備的重要機制。

　　人兔胚研究讓全世界的幹細胞爭議又起。反對者指出，這是人獸胚胎，繼續進行下去，是不是就要培養半人半獸？此外，兔子的細胞可能暗藏一些對人類有害、還沒被認識的病毒，例如愛滋病毒最初是源自猴子身上的病毒。因此融合細胞內可能有對人不利的病原，不適合發展給人使用。贊成的人則認為「中國有人做了好事，對於治療性複製有很大的幫助。」《自然》期刊也發表題為〈幹細胞在東方升起〉的新聞報導。

　　很明顯的，這是很不容易找到共識的觀念問題。在討論到人類細胞、細胞核，或是 DNA 的時候，反對者心中出現的意象是人、更小的人、更小更小的人，偏向賦予它們人格、人性等等。贊成者心裡頭對這些名詞產生的卻是另一種意象，認為從完整的人以下都不是人，只是人的部分、人的零件，或是可以在人體內產生作用的生物化學成分。不同的見解並沒有誰是誰非，不能用倫理道德的大帽子或是科學素養的水準貶抑不同主張的人，而應該以對全人類的利弊得失為基準，衡量所有未知領域的新科技。

四、從成熟細胞製作的誘導多能幹細胞

科學家逐漸發現製作人類胚胎幹細胞的秘方之後，固然讓人興起細胞療法的新希望，卻因為爭議不斷，讓進展的腳步越走越慢。

取得幹細胞的方法當中，從囊胚的內細胞團取得幹細胞等於破壞胚胎，這無疑是許多爭議的焦點。無性生殖桃莉羊的核轉移技術需使用許多卵子細胞，購買卵細胞這件事就已經是一件有爭議的舉動了，取用無性生殖的胚胎幹細胞也免不了破壞胚胎的疑慮。有什麼製作幹細胞的辦法，可以不要從胚胎取得？如果有這種辦法，會是無性生殖桃莉羊和湯普森胚胎幹細胞之後，最重要的突破。

催生幹細胞的四重奏

日本京都大學的教授山中伸彌，原本是大阪的整形外科醫師，但是基於對科學的熱情，三十幾歲時決定到美國學習細胞與基因技術。回到日本後，因為經費跟設備遠不如美國，幹細胞的

來源不容易取得，涉及幹細胞的研究規範又嚴格，讓他原本想放棄研究工作了。就在那個時候，桃莉羊誕生了，緊接著，湯普森發現了胚胎幹細胞。這兩則重大的科學發現讓山中伸彌決定投入幹細胞研究。

當時全世界幹細胞研究的焦點，集中於如何讓人類胚胎幹細胞發育成特定的細胞。例如心肌細胞修補心臟，神經細胞治療帕金森症或脊髓損傷，胰島細胞治療糖尿病等等。但是山中伸彌卻有不一樣的想法，他從桃莉羊得到一個靈感，認為以日本大學實驗室的設備，根本不是美國或歐洲的對手，所以他不要研究幹細胞如何分化成其他特定的細胞，而要尋找讓成熟細胞回復成幹細胞的方法。

桃莉羊的遺傳物質來自一個成熟細胞的核，只是加上卵子的細胞質，就重設成熟細胞的遺傳物質，變成類似胚胎幹細胞的多能性，並且成功培育成一隻羊。山中認為，桃莉羊的成功，表示成熟的細胞只要經過適當的基因誘導，就可以重設成像胚胎幹細胞一般的多能性幹細胞。

山中挑選了 24 個在幹細胞裡頭表達活躍的基因當做候選基因，測試這些基因當中是不是有一些可以讓小鼠的成熟纖維細胞變成多能性幹細胞。他利用反轉錄病毒，逐一測試這些基因，植入基因到小鼠胚胎和成熟小鼠的纖維細胞，結果都不會變成幹細胞。接著他試著一起植入 24 種基因，驚人的現象發生了，有些纖維細胞如願轉變成幹細胞了。於是山中嘗試組合其中幾種基

因，看是不是能用少數幾個基因，就有誘導成幹細胞的效果。結果找到 4 個轉錄因子基因（*Oct4*、*Sox2*、*c-Myc*、*Klf4*），只要同時植入這 4 個基因，兩種纖維細胞就會轉變成幹細胞，而且跟胚胎幹細胞一樣，可以發展出三個胚層的組織，也可以發育成為一個胚胎。

山中的論文於 2006 年一發表，立刻成為全世界注目的焦點。這 4 個讓已分化的細胞轉變成幹細胞的基因，可稱為山中誘導因子。製造出來的跟胚胎幹細胞一樣多功能的細胞，叫做誘導多能幹細胞（iPS）。這 4 個基因就像四重奏的四種樂器，協力演出幹細胞的誕生樂曲。這首樂曲歌頌的，是你我身上走到分化終點的成熟細胞，可以經過人工誘導，重新設定分化狀態，回到類似胚胎幹細胞的起點。

山中方法一個最大的好處是簡單明瞭。一位美國生技公司的主管就曾說，這個方法真的很簡單，就算在高中的實驗室都能夠進行。但是以山中伸彌的方法所誘導的纖維細胞之中，初期只有二千分之一回復到分化的起點。有些纖維細胞好像誘導成幹細胞了，但是自我更新的時候，還是需要依賴導入的基因，表示這些細胞並沒有完全重新設定成功，是部分重設的細胞。

實驗室裡被轉基因的纖維細胞當中，只有一部分成功重設成誘導多能幹細胞。這就產生一個問題了，山中伸彌指出，成熟細胞經過重設回到分化的起點，有兩個可能的模式：隨機模式和菁英模式。隨機模式指的是每一個細胞都有回復為幹細胞的潛能，

菁英模式則表示只有一部分細胞具備這種重新設定的能力。迄今，這兩種模式各有許多令人信服的證據支持，沒辦法說哪一個才正確。

2007 年有兩篇重要的論文同時發表了。山中伸彌導入前述 4 種基因，到取自一位 36 歲女人的臉皮細胞，經過 30 天的培養，這些細胞成功轉變成類似胚胎幹細胞的誘導多能幹細胞。威斯康辛大學湯姆森研究室取得新生兒包皮的結締組織細胞，用不太一樣的 4 種基因（*Oct4*、*SOX2*、*Nanog*、*Lin28*，後兩個跟山中不一樣），也成功讓它們改編成多能幹細胞。同一個月的月底，山中的團隊又發表只用 3 種基因（不用 *c-Myc*），也可以誘導成體細胞成為幹細胞。這種人工誘導的幹細胞分裂比較慢，但是由這種細胞發育的小鼠組織變成癌細胞的機會大幅下降。

過了兩年，中國中科院的周琪與上海交大醫學院的曾凡一兩位科學家帶領的團隊，以山中伸彌的技術，改造鼠胚纖維細胞成為誘導多能幹細胞，並且培育出健康活潑的小鼠。這個實驗證實山中方法誘導出來的幹細胞，是可以形成胚胎的多能性幹細胞。中國的科學家給這第一隻用誘導多能幹細胞製造出來的小鼠一個可愛的名字，叫做小小（Tiny）。他們複製了一窩這種小鼠，這些小鼠經過交配繁殖了第二代，第二代又繁殖了第三代。2010 年，發表利用成鼠尾巴尖尖的纖維細胞製作的誘導多能幹細胞，製造了健康活鼠。現在這個團隊不管用的是胚胎的纖維細胞、神經幹細胞、或是分化到最終端的尾巴尖尖纖維細胞，都可以用山中誘

導因子 4 個基因改編成誘導多能幹細胞。

在誘導多能幹細胞成為最熱門的生命科學新技術之後，各路科學家嘗試了許多修改的辦法。包括把原來使用的反轉錄病毒載體改成腺病毒或仙台病毒載體，或使用質體攜帶轉基因，或使用非病毒載體。這樣做的目的，是讓植入的基因不要嵌入細胞基因體，以免破壞細胞基因體產生嵌入性癌變。還有一個辦法是直接利用山中誘導因子的蛋白質產物，而不使用轉基因，也能讓已經分化的表皮細胞轉變成幹細胞。使用蛋白誘導的方法，可以稱為蛋白誘導多能幹細胞。

讓已經分化的成熟細胞轉變成類似胚胎幹細胞的發現真是太神奇了，簡直就像讓一棵大樹一片葉子的一個細胞轉變成一顆種子一樣。以往為了量身訂做適用於某一個人的幹細胞，必須用這個人的細胞核，設法取來人類卵子，製作核轉移的細胞，讓它發育成囊胚，再取用其中的幹細胞。這種方法需要動用到許多高價的設備和實驗技術嫻熟的人員，多數實驗室根本負擔不起。至今到底有沒有這樣製作成功的人類幹細胞還很難講。就算有，也因為必須破壞囊胚而有極大的倫理爭議，取得卵子的行為也十分令人詬病。為了醫療的目的，操作 DNA 讓成熟細胞轉變為幹細胞的做法，幾乎不會有這些爭議。

但是誘導多能幹細胞畢竟要利用病毒當作載體，運送四重奏基因到細胞內，讓四重奏基因插入細胞的 DNA，才可以重新設定細胞的分化狀態，讓分化的細胞回到類似胚胎幹細胞的起點，

然後再經數十代的培養，才能得到一點點誘導多能幹細胞。這個過程有可能造成細胞 DNA 混亂，包括染色體異常、多點突變、甲基化異常，這些突變都可能造成嚴重的結果。尤其以醫療為目的的再生醫學，更不能使用突變的細胞，以免未蒙其利，先受其害。

誘導多能幹細胞合併基因療法可以治療疾病嗎？

誘導多能幹細胞具有無限的自我更新功能，而且可以分化成幾乎全身所有種類的細胞，是未來細胞治療寄望的焦點，且目前已經是實驗室研究疾病和篩選新藥的工具。

科學家發現了導入 4 個轉錄因子的基因製作誘導多能幹細胞的方法以後，興起許多樂觀的想像。例如，至今已經有許多實驗，成功地讓誘導多能幹細胞轉分化為成熟的細胞，包括神經細胞、會跳動的心肌細胞等。一旦安全性及維持正常功能的存活期通過考驗，這些細胞將成為細胞治療的利器。

又例如，或許可以利用病患身上取得的細胞製作成多能幹細胞，然後加以基因改造，修正或取代壞掉的基因，再拿這種基因改正的幹細胞做再生醫療的用途。2011 年發表的一個德國研究，就利用這種做法根治了一種會發生急性肝衰竭的先天性疾病。

研究中使用的是老鼠模式的人類先天代謝疾病，叫做酪胺酸血症，是因為缺乏一種代謝酪胺酸的酶造成的疾病。罹患這種疾病會因為肝、腎衰竭而死。現在德國的研究展示了幾點成果：

　　一、取患病小鼠的細胞，製作成為誘導多能幹細胞，這種幹細胞具備完整的細胞分化與發育功能。利用檢驗幹細胞功能最嚴格的標準，也就是四倍體互補法，讓幹細胞發育成為小鼠，這隻小鼠表現了原始個體的疾病。這個結果表示，誘導多能幹細胞忠實複製了原始小鼠的基因型和表現型。

　　二、用慢病毒當做載體，攜帶正常的基因進入誘導多能幹細，修正原本壞掉的基因。結果這些修正過的幹細胞藉由四倍體互補法發育成為健康的小鼠，沒有原始小鼠的先天性代謝疾病。這個結果是近年來最成功的幹細胞合併基因療法實驗，不只在細

四倍體互補法

　　正常情況下，哺乳類動物的體細胞是二倍體，也就是每一種體染色體有一對兩條，因此基因也都成對。在一個受精卵分裂成兩個細胞的時候，利用直流電讓兩個細胞融合成一個細胞，融合細胞的每一種染色體就會有四條，亦即四倍體。四倍體細胞繼續分裂，分裂出來的細胞也都是四倍體。這種細胞體積比較大，數量比較少。四倍體胚胎會正常發育到囊胚的階段，著床到子宮內壁，然後發育成胎外組織，主要是滋養層，但不會發育成胎兒。

　　檢驗幹細胞功能的時候，四倍體互補技術可以說是最嚴格的標準。利用二倍體幹細胞和四倍體囊胚嵌合的細胞團，四倍體細胞發育成為滋養層，二倍體幹細胞則發育成為胎兒，這種關係就像房東跟房客。誘導多能幹細胞的功能如果有缺陷，在發育成個體的過程中常會發生嚴重的畸形或死亡。所以利用這兩種細胞組成的嵌合體互補技術，可以用來檢驗幹細胞是不是具備完整的基因功能。

胞的層次修正了異常的基因，基因改造後的誘導多能幹細胞還發育成健康的個體。（圖 4-10）

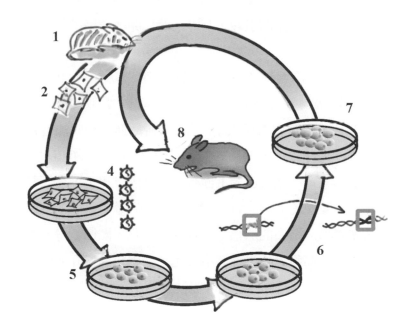

圖 4-10 取用病患的細胞誘導成為多能幹細胞，再以基因療法修正基因，這種修正過的誘導多能幹細胞可以成長為健康的新個體。表示這種細胞具備健康的、類似胚胎幹細胞的功能。1、先天代謝異常的小鼠，牠身上一種酶的基因壞掉了。2~5、取小鼠纖維細胞培養，利用病毒導入四種基因讓纖維細胞變成誘導多能幹細胞。6~8、以基因療法修正壞掉的基因，讓修正好的幹細胞發育成為健康小鼠。

誘導多能幹細胞帶來的新希望

　　山中伸彌開創的誘導多能幹細胞技術，只要用少量的皮膚或其他組織成熟細胞導入 4 個基因，就可以製造出多功能幹細胞。這種幹細胞可以培養產生量的擴增，也可以誘導分化成不同的組織。因此可以拿來在實驗室探索罕見疾病的治療方式；也可以做成新的組織取代壞掉的組織，為再生醫學開啟一扇前所未有的大門。

　　山中伸彌擔任所長的誘導多能幹細胞研究所（CiRA），首先開啟的罕病藥物解方研究，就充分發揮了幹細胞醫學的長處。有一種罕病，俗稱「珊瑚人」，正式名稱是進行性肌肉骨化症，發生率 200 萬分之一，全世界約有 1200 名，台灣的病例不到 10 人。罹病的人第二號染色體上面有一個基因突變了，這個基因編碼的是一種受體（activin-A 的受體），肌肉跟軟骨細胞的受體活性太高，讓骨形成蛋白的的指令持續保持活化，關節軟骨、肌肉、韌帶、肌腱、筋膜等軟組織發生骨化，受傷或外科介入會加劇骨化，患者逐漸出現行動受限、呼吸及進食困難等症狀。

　　但是這種先天性疾病以往沒有藥物治療。由於罹病的人很少，如果按照傳統新藥研發的方式，必須有足夠的人體試驗才能斷定新藥的效果與副作用，要做到這一步顯然有困難。況且，罕病本來就很缺研究經費，要籌到那麼多錢進行藥物研發並不是件容易的事。

來自住友製藥的日野恭介和研究所的戶口淳也田等人組成的團隊，因有外科背景治療過半數的日本患者，順利從患者身上取得皮膚細胞。誘導成幹細胞後，再引導這些細胞讓它們分化成類似骨化症的細胞，具有容易骨化的特徵。利用這些細胞團隊發現了骨化症的致病機制。接著試驗了 6809 種可能成為治療之用的化合物。經過冗長的研究過程，發現免疫抑制劑雷帕黴素（Rapamycin）透過阻害細胞內的信息因子（mTOR）產生顯著的抑制骨化的效果。由於這是一種早已使用於人體的藥物，以往主要給器官移植的人用來抗排斥，現在日本已有多家教學醫院用來觀察對進行性肌肉骨化症的療效。

發表於 2017 年這個動人的發現，是全世界第一個利用誘導多能幹細胞尋找藥物的的研究。

除了幫助篩選藥物，研究者還試著利用誘導多能幹細胞培養成新的組織，取代生病的組織。

例如常見的黃斑病變，全名叫年齡相關視網膜黃斑退化，是 50 歲以上的人失明最主要的原因。而且年紀漸老，罹病率也逐漸增加：50 多歲的人約 0.4%、60 多歲 0.7%、70 多歲 2.3%，有這個問題。黃斑部是視網膜接受光線最重要的部位，黃斑部退化意指失去感光細胞和新生血管，視力模糊、中央視野視力障礙等症狀都會出現。要找眼科就醫，有些療法可以延緩退化的速度。

光線進入瞳孔後，在眼球內部後方的網膜被感光細胞轉化為電波，電波經神經傳送到大腦。感光細胞再往後有一層色素上

皮,這層細胞負責供應感光細胞的代謝,以及移除感光細胞上的髒污。再往後就是血管構成的脈絡膜,負責運來營養給感光細胞和色素上皮細胞,及運走代謝物。黃斑部退化時,一些黃色廢物會堆積在色素上皮層內和層下方,長時間的堆積造成色素上皮細胞死亡,這時失去支援的感光細胞失去功能,局部的視力就喪失了。黃斑部退化的患者當中,大約 10% 會從脈絡膜往色素上皮新生血管,原本是要修復這裡的病變卻反而遮蔽了光線,進一步妨礙了視力。

理化研究所的眼科女醫師高橋政代取用兩名有血管新生的重度黃斑病變老人的皮膚細胞,誘導成多能幹細胞,再分化成視網膜色素上皮。其中一名 77 歲婦人,眼內注射了 13 次抗血管新生的藥物,視力還是一直退化。她於 2014 年接受手術去除右眼網膜的新生血管,在網膜下植入自體幹細胞分化來的網膜上皮層(1.3x3.0 毫米)。一年之後植入的上皮層完好,視力沒有變好也沒有惡化,至今沒有產生腫瘤。另一名病患因眼內注射藥物還有效,而且她自體幹細胞製作的網膜色素細胞有些基因缺損,因此沒有接受移植。

這是第一個利用自體誘導多能幹細胞製造的組織給人使用的研究。

不僅自體幹細胞,異體幹細胞也已經進入人體試驗。2018 年 10 月一樣在京都大學誘導多能幹細胞中心,由神經外科醫師高橋盾領導的團隊,在多年動物實驗成功之後,利用中心庫藏從健康

人周邊血球誘導的多能幹細胞，製作成多巴胺祖細胞，移植到一名 50 多歲中度嚴重的帕金森症患者的腦中。整個研究會有 7 名 50 幾和 60 幾歲的患者，傳統治療結果不佳、有 5 年以上病史是篩選的條件。

　　帕金森症是一種神經系統退化性疾病，主要症狀是手腳抖動、肢體僵硬，病因在於大腦特定部位分泌多巴胺的細胞逐漸失去功能或凋亡。團隊利用中心庫藏的誘導多能幹細胞轉化成多巴胺祖細胞備用。這些庫藏幹細胞的來源是特殊基因型的血球，有比較不容易發生排斥的特性，日本有六分之一的人口具這種基因型。如果可以使用這種庫藏幹細胞讓患者病情改善，以後就可以商業化量產供患者使用，而不必從患者自體取得細胞，再經過繁瑣的實驗室操作才得到也許可用的細胞了。選擇中度嚴重的患者，因為太嚴重的患者可能接受多巴胺的神經細胞也都凋亡了，再移植製造多巴胺的細胞也是枉然。

　　這是全球第一個利用異體誘導多能幹細胞治療帕金森症的研究。

5 老病、新生兒與幹細胞
——最終的難題

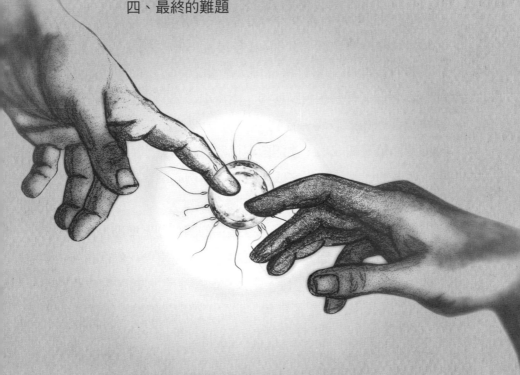

細胞種子

一、從器官移植到幹細胞治療

　　人類追求器官移植治療疾病的夢想已經醞釀很久了。依據《列子》的記載，中國古代名醫扁鵲曾為兩個人施行換心手術，可知器官移植的念頭至少在兩千年前就出現在先人的著作當中。

　　真正有計畫的器官移植則大約始於 100 年前。初期的器官移植試驗包括骨骼和角膜移植，由於免疫學的知識尚未完備，所以移植都以失敗收場。直到 1954 年，波士頓的梅瑞醫生為一對雙胞胎移植腎臟成功，才開啟現代器官移植醫學的新紀元。1967年，南非的巴納德醫生完成全世界第一例心臟移植（若扁鵲不算的話），這次手術使他成為家喻戶曉的英雄。

　　緊接著，1968 年由哈佛大學起草的腦死判定準則，更讓器官移植往前邁進一大步。許多腦死的人捐出還沒壞死的器官，救活無數生命。同年 5 月 27 日，李俊仁教授在台大醫院完成亞洲第一例成功的腎臟移植手術創舉，開啟了國內移植醫學新頁。

一對孿生兄弟首度經歷的器官移植

以往醫學界曾經多次嘗試移植器官，但是都沒能成功，主要的問題出在身體對移植器官的排斥。直到 1954 年，李察因為身患慢性腎炎病危，他的同卵雙胞胎兄弟隆納德向梅瑞醫生表示，只要能夠挽救李察，他很願意捐出自己的一個腎。許多醫生告訴他這是不可能的，因為之前從來沒有人移植腎臟成功。梅瑞想，隆納德和李察是同卵雙胞胎，發生器官排斥的機率應該很小，於是答應為他們施行腎臟移植手術。那一年聖誕節前 2 天，手術在波士頓進行，為時 5 個半小時。這場手術不但讓李察多活了 8 年，而且也成為人類醫學史上首例成功的器官移植手術，開創了人類腎臟、心臟、肝臟以及其他器官移植的先河。

李察術後恢復得非常好，還在病房裡遇見了他未來的太太，移植小組的護士長。家鄉在加拿大的護士長假日沒有特別的活動，留下來照顧李察，兩人萌生愛意，終於結為夫妻，生了兩個孩子。移植後，李察一直健康地活著，直到 8 年後植入的腎臟產生新毛病，1963 年李察撒手人寰。

捐腎的隆納德也一直很健康。2004 年，73 歲的他容光煥發地參加器官移植 50 週年的慶祝會，對自己的歷史地位一直保持謙虛態度的隆納德表示：「那是一個起點。」他說：「當時我有一種很強烈的預感——這次手術一定會成功。雖然之前器官移植手術從來不曾獲得成功，但是醫療團隊對自己的研究很有把握。」

在首例腎臟移植手術成功後的十餘年內，醫學界又屢破記錄，包括成功實施了肝臟移植手術及心臟移植手術等。這些成就都是始於 1954 年那一個起點。

科技是現代人的責任

器官移植是累積許多世代的醫學經驗所造就的高度科技文明。器官移植讓面對太早來臨的死神而張皇失措的人類找到一條求生之路，讓疑惑為何只有植物或低等動物才有不斷再生能力的人們升起了一股希望。

人類能夠逐漸稱霸地球，科技是其中極為重要的因素。我們現代人（智人）共同的母親大約在 15 到 20 萬年前來到這個世界，所有現代人都是這位暱稱為「夏娃」的祖先的子女。依據考古學家從古老化石所做的推論，現代人最初是從勞動人演化來的，勞動人大約在 100 多萬年前衍生出直立人。中國周口店曾經發現的原人，亦即我們慣稱的北京人，就是直立人，於幾十萬年前滅絕。大約 60 萬年前，勞動人又衍生出尼安德塔人。尼安德塔人一直到兩、三萬年前才滅絕，因此他們曾經是我們智人的競爭對手，長達 10 幾萬年。尼安德塔人比我們現代人粗壯，但是從化石證據看來，他們製造的工具不如同時期的智人精良。

勞動人最後演化出來的智人，體格比不上尼安德塔人。尼安德塔人胸部發達，上肢強壯有力。而智人，也就是我們現代人，平均腦容量比尼安德塔人小一點，但是有比較發達的前額。這裡

是主導高度思考、長期規劃的大腦中樞。智人顯然掌握了適者生存的優勢，成為當今地球生物的主宰。

我們現代人因為懂得利用精巧的工具耕作食物，因此取得生存繁衍最主要的主控權。人類穿衣服穿鞋子，彌補了先天薄弱無法禦寒、容易受傷的皮膚。我們戴眼鏡，讓嚴重影響生存機會的視力障礙得到矯治。這些看似理所當然的文化或科學進展，其實都包含著重大的生物革命意義：它們增進了人類生存的機會，簡直就像創造新的物種一樣，是一種以人的智慧造就的演化。

人類能夠稱霸地球的原因當然不只衣服、鞋子或眼鏡。人類是這個星球上唯一有語言與數學能力的生物，因此運用語言與計算進行抽象思考是人類的特長。有抽象思考的能力才會問「為什麼」，也才有科技的產生。人類也是唯一會為科技帶來的進步感到雀躍，同時也會為人類掌控科技能力感到憂心的生物。我們沒有跟隨著尼安德塔人滅絕，科技是主要的原因。科技也是我們現代人的責任。

與大自然巨大又細密的力量相較，科技的發展與其說讓人類逐漸掌握自然界的奧秘，毋寧說讓人類越來越謙卑。例如人類基因體計畫揭露人類遺傳物質 DNA 的全部序列以後，產生的主要效果在於讓我們益發對如此浩瀚的生物資訊感到敬畏與讚嘆，而不在於讓人類掌握操控遺傳的辦法。幹細胞科學的進展也是如此，每一個人都是從一個受精卵開始繽紛繁衍，最終形成由 200 餘種細胞雖複雜卻規律組成的立體結構。就像無盡的夜空煙火，

一朵盛開的煙花更變化出許多五光十色的煙花，就這樣一層一層光輝燦爛地綻放，終於形成最不可思議的圖形。我們必須從中學習，謙卑地取得些許記憶在細胞、而不是記憶在大腦裡頭的奧秘，從而利用這些奧秘解除病痛。這些奧秘之中有一部分就是幹細胞科學。

自 1954 年成功的器官移植之後，器官移植這門醫學很快地流行起來。如今世界各地許多醫院都可以進行器官移植，只是很快就遇到了瓶頸，主要的困難在於來源取得不易，等待移植的人只有 5 到 20% 的機會等到合適、組織相容的器官。幹細胞醫學在這個時候誕生，顯然是現代人不能不把握的機會。

幹細胞科學點燃的希望

幹細胞科學發達至今不過 20 年左右的光陰，卻已讓人們充滿了期待。最主要的原因在於，自從人類逐漸克服傳染病的攻勢以來，壽命越來越長，但是構成人體的零件卻不見得經久耐用，所以「克服老化」成了人們期待幹細胞的一大原因。

此外，許多疾病長久以來只能等待人體自我修復，或是盡量維持殘餘的組織，例如糖尿病、心肌梗塞、神經退化等等。幹細胞醫學帶給罹患這些疾病的患者新希望。就像機器的零件壞掉了，必須更換或整修壞掉的零件，「修復」是人們期待幹細胞的另一個重要原因。

未來我們可能利用幹細胞治療疾病，利用它來「取代」壞掉

的細胞。例如，胰島細胞壞掉造成的糖尿病，也許可以藉著導引幹細胞分化成新的胰島細胞來治療（圖 5-1）。或也可能利用它來幫助「整修」故障的部位。例如第一章提過的神經軸突退化或損傷，需要的是整修軸突的膠細胞，而不一定是神經元。

　　但是以當今對於幹細胞的了解，利用幹細胞治療疾病的同

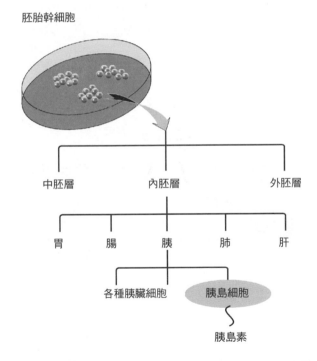

圖 5-1 導引胚胎幹細胞分化成可以製造胰島素的細胞，是當前幹細胞醫學的熱門話題，因為這種細胞有治療糖尿病的潛力。但是導引分化的細胞如果變成癌細胞，則反而傷害了病患。

時，很可能也會帶來新的疾病。2005 年藤川發表了一個利用胚胎幹細胞製造胰島細胞的小鼠試驗，治療小鼠的第一型糖尿病。這是一種胰島細胞壞了的疾病，壞了的細胞沒辦法製造、分泌胰島素，於是身體無法利用葡萄糖，血糖過高，也就是糖尿病（圖5-2）。移植在實驗室誘導分化的胰島細胞給糖尿病小鼠之後，這些細胞扭轉了高血糖的狀態，效果持續三個禮拜。但是這個作法

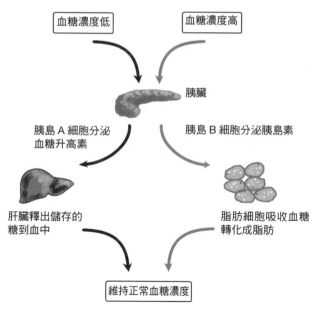

圖 5-2 胰臟的細部構造——胰島——有調節血糖最重要的細胞。實驗性的胰島移植可以治療第一型糖尿病，但是異體器官移植的後續照顧之不便，遠超過目前的胰島素療法。如果利用自體幹細胞分化的胰島細胞移植則沒有組織排斥的問題，可能比較方便照顧。

並不能救治這些糖尿病小鼠，因為這時植入的細胞開始形成畸胎瘤，這是常見於幹細胞移植的併發症。

糖尿病有兩型，第一型患者幾乎完全不會製造胰島素，第二型雖然仍會製造胰島素，但是產量不足，血糖還是太高。自從1920 年代科學家解開胰島素的秘密以後，糖尿病的醫學研究進展神速，如今糖尿病已經可以用藥物治療了。治療的藥物有生物技術製造的胰島素和刺激胰島細胞分泌的化學製劑，其中第一型糖尿病只能依賴注射胰島素。直到 2006 年美國通過一種新型的吸入式胰島素，糖尿病患就不再需要一天打好幾針了。各方面的科學都不斷地進步，幹細胞雖然是當今顯學，但是只要令人怯步的副作用還無法改良，就沒有理由拿來臨床應用。幹細胞醫療還有很長的路要走。

紐約一個研究團隊嘗試用幹細胞治療一種遺傳性疾病，罹患這種病的母鼠懷孕時，胚胎會有嚴重的心臟缺損，胎兒無法順利出生。雖然胚胎幹細胞無法穿越胎盤到胎兒身上，但是科學家為罹病的懷孕母鼠注射正常鼠的胚胎幹細胞以後，母鼠卻順利產出健康的鼠嬰兒。原來正常的胚胎幹細胞經過分化以後，會分泌一種可以修補心臟的物質「類胰島生長素」，就是這個物質通過胎盤救治了腹中的胎兒。由此可見，幹細胞不止像電子器材中的一個零件，可以拿來替換故障的部分；它還會釋放化學物質，補充生物體的不足。

這樣看來，妥善處理的幹細胞療法有可能兼具器官移植和

藥物治療的優點。除此之外，幹細胞還有新奇的角色：包括可以提高傳統器官移植的壽命，以及可以用來製造組織供人體使用。只是要實現這些想法，唯有長期投入大量研究成本，才能排除萬難，達到治療疾病目的。而且縱使有一天人類終於可以利用幹細胞治療疾病，幹細胞科學許諾的未來，仍只是一個屬於我們凡夫俗子與生老病死拉鋸的世界，絕不是赫胥黎擔憂的美麗新世界。

　　幹細胞是令人充滿期待的醫療新手，它的現況就像小說裡面的老手為新進夥伴描述的：

　　「身為還在鍛造階段的秘密英雄，我們已有了我們需要的一切：一個正義的動機、一個邪惡的敵人、一個慷慨相助的盟友、一個動盪不安的世界、在邊線為我們加油的女人們，還有，最好的是，我們所繼承的偉大傳統。」

　　　　　　　　　　　　　　　　　　　──勒卡雷，〈秘密朝聖者〉

二、減少器官移植排斥的新方法

　　你有同卵雙胞胎的攣生手足嗎？如果沒有的話，萬一有一天器官壞掉了，需要移植新器官才能治療的時候，就必須向其他人尋求協助了。通常是尋求腦死或是五等親以內的人捐出一部分的肝或一個腎臟。但是這麼可遇不可求、高度侵犯性的方法，往往難以如願以償。

　　現在有許多需要器官移植的人會前往中國大陸尋找機會，其中當然以腎臟移植和肝臟移植為最大宗。因為每個人有兩顆腎臟，但是一顆腎臟就足以處理身體的廢物了，肝臟也只要留下35% 就可以生存，所以多有餘裕可以捐贈或販賣。目前我國人體器官移植條例規定：器官捐贈為無償行為，買賣雙方可罰 9 萬元以上、45 萬元以下罰款，違法進行手術的醫師則處以 12 萬元以上、60 萬元以下的罰款，情節重大者甚至得撤銷執照。由於器官移植的需求量非常大，供應量卻非常少，因此使用金錢購買活人器官尋求活體移植，是為了保命不得已的做法。只是器官買賣縱然是現存制度供需失衡的產物，但也牴觸了法律以及醫療倫理，

而且還有組織相不相容的問題，唯有等待幹細胞科學發達以後，才可能讓這些問題一併得到更好的解決。

器官移植後需要對抗排斥

在進步的外科手術方法及發達的免疫抑制劑幫忙之下，當今的器官移植已經有不錯的短期治療效果；但是長期而言，異體（取自別人的）器官移植的成績仍然無法令人滿意。例如最常實施的腎臟移植和心臟移植，移植之後一年的存活率是 85 至 95%，但是移植的心臟在 5 年後只剩下半數仍然存活，移植的腎臟在 10 年後也是只剩下半數存活。

儘管器官移植的短期療效已經堪稱滿意，但是長期療效則不夠理想。這是因為抗排斥藥物雖然讓器官移植手術成為尋常的手術，但是目前使用抗排斥藥物的策略仍不足以抵擋免疫系統日以繼夜對異體器官的攻擊。加上抗排斥藥物的副作用不少，包括增加感染的機會、致癌及對其他器官的破壞，因此目前器官移植免疫學家也在努力想辦法，試圖找到服用抗排斥藥物之外，也讓捐贈的器官分擔一些抗排斥的工作。未來最好不管組織相不相容，移植的器官都可以在病患體內長久存活，發揮器官的功能，讓病患有更好的生活品質。

這種除了免疫抑制劑以外，減少排斥的做法稱為「耐受性誘導」。耐受性誘導的作法有以下幾種：

一、胸腺有一種能力，可以刪除主管排斥作用的淋巴球對異

體產生排斥的記憶，利用這個能力消除宿主的排斥；

二、淋巴球的開關之中有一個「協同刺激分子」，用藥物關閉這個開關，可以讓淋巴球不排斥外來物。

耐受性誘導的知識來自許多動物實驗跟人類器官移植的經驗。特別是某些接受肝臟移植的人並沒有表現出明顯的排斥反應，更給科學家一個暗示：會不會是植入的肝臟裡原本就豐富的淋巴組織，也就是免疫排斥現象的執行單位，逐漸移行到病患的胸腺或淋巴結等淋巴系統，在病患體內扮演起執行免疫排斥的角色？由於捐贈者的淋巴球在胸腺或淋巴結可能對病患的淋巴球實施了再教育，於是病患的淋巴球不再對移植來的器官產生敵意。基於這個想法，有幾個動物和人體實驗，就在器官移植的同時，也抽取一些捐贈者的骨髓進行移植，看看是否能增加移植器官存活的時間。這種做法的效果還需要累積更多經驗才能得到結論。

對於細胞免疫的機制理解越多，科學家就越想試著利用藥物讓移植器官永遠免於被排斥，或是找出新的策略以減少免疫抑制劑的用量。例如移植前投予捐贈者的組織相容蛋白，讓病患的免疫系統習慣這些蛋白，以後就比較不會排斥移植的器官，這個做法跟「減敏療法」的道理是一樣的。或是利用藥物改變細胞激素的平衡狀態，讓踩動免疫系統油門的腳改踩煞車。還有一種做法，利用藥物關閉排斥反應的第二個開關，因為淋巴球的表面有抗原受體及協同刺激分子受體，必須同時接受到樹突細胞呈現外來器官的抗原（第一把鑰匙）與內在的協同刺激分子（第二把鑰

匙），淋巴球 DNA 才會啟動，開始製造執行排斥反應所需的各種
配備。藥物關閉第二道開關後，排斥反應就不會發生，以後淋巴
球也可能不再排斥這一種抗原（圖 5-3）。

排斥行動的指揮官

史坦曼於 1973 年發現小鼠淋巴腺有一種單核白血球，細胞
質延伸很長，像許多觸手一樣，因此命名為「樹突細胞」。近年
的研究發現，這種稀有的白血球在免疫排斥反應中扮演非常重要

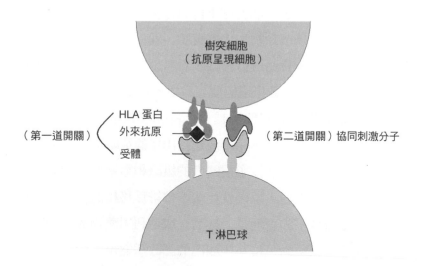

圖 5-3 由抗原呈現細胞帶來的兩把鑰匙，一把包括外來抗原，一把是協同刺激
　　　分子，這兩把鑰匙一起啟動 T 淋巴球的免疫排斥動作。如果可以封鎖第
　　　二道開關，也許可以減少排斥作用。

的角色，簡直是免疫行動的指揮官。

指揮官外表看起來像章魚，從圓圓的細胞球伸出長長的、密密麻麻佈滿小吸盤的觸手。這些小吸盤的作用是逮捕及呈現抗原，例如病原、移植進來的蛋白，或是別人器官脫落下來的蛋白。小吸盤的組成包括組織相容蛋白和協同刺激分子等等，它們吸滿各種抗原後，樹突細胞就會隨著淋巴液移行到淋巴節、脾臟等免疫器官，在這裡教導免疫行動的士官長（T 淋巴球）認識外來的抗原分子，然後士官長會指導彈藥專家（B 淋巴球）製造抗體，以及命令殺手細胞擊殺外來的細胞或是被病原侵犯的細胞。樹突細胞的重要性在於，它們是體內唯一可以教育天真無知的士官長認識抗原的細胞，因此是啟動免疫反應的樞紐，是清除敵人的指揮官。

由指揮官（樹突細胞）調教的免疫行動需要時間生聚教訓。以癌症為例，在免疫系統中，自然殺手細胞（狙擊手）是保護人體免於癌症侵襲的第一道防線，指揮官指引的免疫則慢得多。一般來說，改造的免疫（或稱為後天免疫）從接到指揮官的命令到發動殺手、士官長、彈藥專家攻擊癌細胞，需要花上 4 到 7 天的時間；而先天的免疫不必經過教育，只要一辨識出癌細胞表面異常因子，自然殺手就會立即毒殺癌細胞，作用時間只要幾分鐘。

改造的免疫是經過生聚教訓產生的鐵血部隊，非常強悍，只有高等動物（脊椎動物）才有。樹突細胞就是以自己的先天免疫能力改造淋巴球的關鍵。

表 5-1 腎臟移植存活率與組織相容（HLA-A、B、DR 三對共六個基因）的關係

HLA 不相容數目	5 年後腎臟存活率（%）
0	68
1	61
2	61
3	58
4	58
5	57
6	56

表 5-1 由本表可見，完全相容的異體移植 5 年存活率比不相容的好一點，但這個效果在長期移植後則比較明顯。例如完全相容的腎臟在 17 年後剩下一半存活，有一個或更多抗原不相容的腎臟則在 8 年後便已經剩下一半存活。由於免疫抑制劑的發達，不管完全相容或完全不相容，1 年後的存活率都可以達到 90% 以上。

　　指揮官還會管制已經認得敵方的士官長。樹突細胞移行到胸腔中隔的胸腺，會仔細檢查淋巴球，假使淋巴球誤認本身的蛋白為外來的異物，打算攻擊帶有這種蛋白的細胞，那不是自己人打自己人嗎？這時樹突細胞就會除掉這種淋巴球，樹突細胞彷彿身兼行政與司法重任。

　　樹突細胞似乎還具有免疫耐受性，它管理淋巴球，但是不太被淋巴球管。異體器官移植的時候，例如肝臟移植，肝內的樹突細胞（同樣來自捐贈者）移行到胸腺內，在這裡刪除宿主淋巴球對捐贈者的器官產生的排斥能力，肝臟就能安然在別人的身體內存活（圖 5-4）。

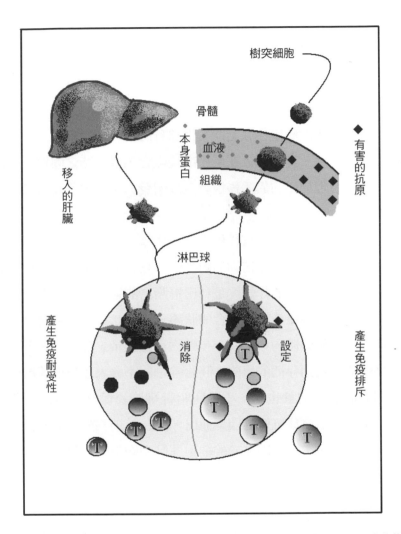

圖 5-4 樹突細胞從骨髓誕生以後逐漸成熟，一路移行到淋巴器官，並且一路收集
　　　各式抗原。它是排斥作用的指揮官：它辨識外來有害的蛋白之後，會教育
　　　淋巴球產生免疫排斥，對有害蛋白展開攻擊；另外也會辨識本身蛋白，並
　　　且消除會排斥本身蛋白的淋巴球的記憶，產生免疫耐受性。

間葉基質細胞也能抑制排斥反應

　　過去科學家就注意到，在異卵雙胞胎的牛體內，它們的免疫系統有嵌合現象，也就是彼此的免疫系統都含有對方的細胞。這是因為它們的胎盤在胚胎期發生部分融合，彼此有部分的血液經由胎盤交流。之後有人在免疫系統嵌合的雙胞胎之間做皮膚移植，結果發現這樣的異體移植有免疫耐受力，移植的皮膚可以存活很長一段時間。

　　同樣的道理，在器官移植之前，先輸給接受者同一名捐贈者的血液，藉以誘導對移植物的耐受性，是增加移植物存活的好辦法。目前最被看好的作法，是利用捐贈者的造血幹細胞做耐受性誘導，期望達到免疫系統嵌合的狀態，也就是捐贈者和接受者的組織在同一個軀體內和平共存。動物實驗顯示，這種作法可以達到移植器官長期存活的目的。胚胎幹細胞不會表達白血球抗原，協同刺激分子的量也少。小鼠胚胎幹細胞異體移植可以長期存活，不只是白血球抗原的因素而已，因為幹細胞分化後就會表達白血球抗原，主要原因在於幹細胞進駐到胸腺，分化成排斥作用的指揮官——樹突細胞，在此刪除已經獲得排斥異體能力的宿主士官長的記憶。

　　還有一種重要的幹細胞——間葉基質細胞，因具有調節免疫排斥的功能而備受矚目。

　　間葉基質細胞會表達少量的第一類白血球抗原，不會表達第二類白血球抗原，在異體內不容易被排斥。它是一種多能細胞，

不像胚胎幹細胞可以分化成所有的組織，但可以分化成肌肉、軟骨、脂肪、心肌等許多種組織的細胞。骨髓的間葉基質細胞更是造血的輔助細胞，會分泌細胞激素和生長素，讓一起住在骨髓內的造血幹細胞順利生成各式血球。

近來科學家有一項驚人的發現：外來的間葉基質細胞，可以減弱宿主淋巴球的免疫功能，主要是對異體的排斥。

理論上，使用骨髓間葉基質細胞或是胚胎幹細胞作為耐受性誘導的工具，有極大的好處。這些細胞不表達或表達極少的白血球抗原和協同刺激分子，因此不會刺激宿主產生排斥。大鼠實驗結果，宿主不必經放射、化療、清除淋巴球等事前處理，異體胚胎幹細胞就可以棲身宿主骨髓內，而且不會產生移植物對抗宿主的排斥反應。這是利用造血幹細胞做誘導所達不到的好處。有趣的是，先利用間葉基質細胞作耐受性誘導，再移植與幹細胞基因組成相同的心臟給宿主，心臟可以存活，條件是宿主的胸腺必須正常，因為胸腺是異體幹細胞教育宿主免疫系統的地方。人體試驗也有不錯的成果。骨髓移植前如果先行輸入捐贈者的間葉基質細胞，可以讓骨髓順利移植，減少移植物抗宿主反應，因而減少免疫抑制劑用量。一樣的做法是否可以增加心、肺、肝、腎等移植存活期，是許多研究的目標。

細胞種子

為什麼孕婦不會排斥胎兒？

移植進來的器官如果和自己的組織相容抗原不一致，我們的免疫系統會對這個器官產生排斥。

但是有一種情形則是重要的例外，就是懷孕。通常媽媽懷孕時，胎兒的組織抗原只有一半是相容的（這一半的基因來自媽媽），另一半則不相容（來自爸爸那一半），胎兒還是可以在媽媽肚子裡安穩地成長。如果能了解為什麼母體不會排斥胎兒，或許就可以利用相同的機制提高器官移植的存活率。

媽媽的淋巴球碰上胎兒組織的時候，它們表現出免疫耐受性，而不是免疫排斥性。一部分的原因是因為胎兒細胞的組織相容蛋白表現很低。隨著胎兒分化愈成熟，組織相容蛋白表現就愈高，但是排斥的現象仍然不會發生，所以這並不是完整的解釋。

機關會不會在胎盤？由於胎盤是胎兒的血液和媽媽的血液透過特別的薄膜交換營養與代謝廢物的地方，薄膜一面由胎兒的組織、另一面由媽媽的組織構成，原則上血球無法穿透薄膜。現在發現，媽媽這一面的胎盤細胞會製造大量的介白質（IL-10），這是一種抗發炎的細胞激素。介白質轉而刺激胎盤細胞製造白血球抗原 G，G 與自然殺手細胞結合後，殺手即失去排斥作用。此外，介白質還會讓其他的白血球抗原產量減少，營造耐受性更好的環境。最近科學家還發現，胎兒組織會製造另一種武器──巨噬細胞抑制素，這種武器可以壓制孕婦的排斥反應。駭人的是，這些胎兒壓制母體排斥所採用的策略，也正是癌細胞在人體內攻城掠地所採行的戰術。

胎盤細胞還分泌一種釜底抽薪的酶，分解淋巴球迅速增殖所需的色氨酸，於是，淋巴球就像變不出把戲的孫悟空。此外，胎盤細胞會製造一種抑制免疫反應的膜聯蛋白。所有這些因素合起來，讓胎盤成為免於排斥的停火區。

三、人工器官怎麼製造？

　　器官移植通常用的是別人的器官，可以稱為同種異體器官移植，又可以依捐贈者的情況分為活體或腦死器官移植。以往我國法律規定三等親以內才得以進行活體器官捐贈，這是為了避免發生販售器官的行為，但是卻讓許多病患眼睜睜地失去救治機會。2001 年，李明亮教授擔任衛生署長任內，修法放寬活體捐贈到五等親以內的親人，器官捐贈才算多了一點來源。由於世人對死後的世界仍然存有種種想像，全屍觀念根深柢固，舉世皆然，所以死後捐贈的數量也很有限。另外如前面說過的，就算找到器官，也會因為異體排斥的關係，移植的器官壽命有限，也許在 5 到 10 年之後就會因為慢性排斥失去功用。因此，有時候我們還是需要利用非生物性的材質取代生物性的器官，例如金屬製造的人工關節，或是以薄膜和幫浦構成的洗腎機器等等都是。

利用誘導多能幹細胞製造組織

　　你有同卵雙胞胎的孿生手足嗎？如果沒有的話，利用自己的

細胞誘導成多能幹細胞，製造組織所需器官或是組織，也許是一個替代辦法。

如果可以用生物性的材質大量製造人工器官供人體使用，加上基因編輯技術，讓人造器官成為組織相容性比較好、比較不受排斥的組織型，也許可以一舉突破目前器官移植的困境，達成「組織工程」的理想。

組織工程大約循著這樣的路線進行：先從人體取出細胞，在實驗室誘導成多能幹細胞，培養細胞到足夠的量，然後放置細胞到人工支架上，讓它們生長，這時除了營養素，還要加入信息因子、生長素等引導生長或分化的物質，才有可能長出有用的身體零件。換句話說，細胞、支架及信息是構成組織工程不可或缺的三大要素，這三大要素在妥善安排的血管支持下，供應給生長中的組織。想要針對受損組織進行修復動作或實現人造器官的夢想，需要這三大要素巧妙配合，才能達成組織工程造福人群的目的（圖 5-5）。

替細胞建立一個成長溫床

要讓細胞依照我們所預期的器官構造發展成長，必須藉助細胞生長的溫床——「支架」，也就是細胞的立足點。組織工程利用特殊的生物高分子材料建構出三度空間的立體支架，讓植入的細胞可以在其中生長。支架的功能不僅僅當作細胞生長的框架結構，更可以進一步藉支架所含的營養素和信息分子引導細胞朝特

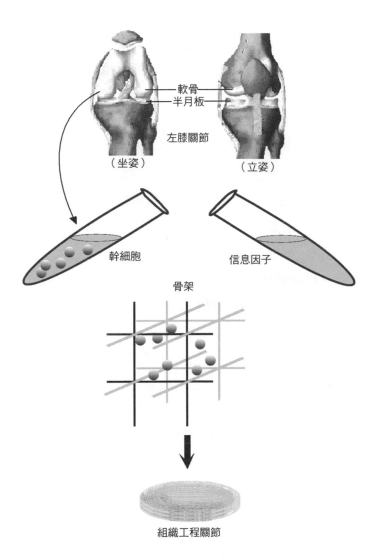

圖 5-5 用病患自己的幹細胞製造關節軟骨，是組織工程的目標之一。這樣製作出來的活組織沒有排斥的問題，而且可能做到比金屬或陶瓷材料還堅固耐用的效果。

定的方向生長、分化。

因此組織工程的支架材料必須符合幾個條件：

- 器官長成後支架材料必須可以移除、可以被人體吸收、或可以被人體接受長期共存。
- 支架材質需具備良好的生物相容性，不能有明顯的免疫排斥問題。
- 材料表面需適合細胞生長，而且可以吸附藥材，包括生長素、細胞激素等信息分子。
- 夠堅固、好塑形的材料才可以當支架。

支架材料還需具有宛如海綿一般的孔洞結構，細胞植入後，如同攀岩一般先貼附在孔洞結構的外牆，然後慢慢地往結構中央伸展，最後細胞跟它製造出來的細胞外基質形成組織而占滿了整個房間。

人造支架降解，細胞與基質構成聯合的整體，就形成我們所要的器官。

支架材料的來源可區分為天然及人工兩類。最常用的天然材料是由動物取得的膠原蛋白、纖維素及一些含水膠質，如藻膠、洋菜膠等。人工合成的材料種類更多，例如目前最被看好的聚乳酸、聚甘醇酸、合成陶瓷等高分子化合物塑造的多孔結構。完全符合理想的支架材料還沒有出現，還需要生化及材料工程專家的努力。

細胞量販店

東晉年間，陽羨這個地方一個叫做許彥的人，背著裝了兩隻鵝的籠子往山中行走。行走間遇到一名書生，看起來十七、八歲，臥在路邊，說他腳痛，請求棲身鵝籠中。許彥以為書生開玩笑，但書生在不知不覺中卻已經進入籠子裡。雖然籠子沒有變大，書生沒有變小，書生卻與兩隻鵝舒舒服服坐在一起，鵝也沒有受到驚嚇。許彥背起鵝籠出發，也不覺得變重。

他繼續往前走。在一棵樹下休息時，書生出了籠子，向許彥說道：「我想為你準備些簡單的酒菜。」許彥半信半疑。書生從口中吐出一個銅盤奩子，盒子中全是銅器皿，盛有各式海陸珍饈，氣味芳美，世所罕見。酒過數巡，書生告訴許彥：「我一向攜一婦人隨行，想叫她出來。」於是書生從嘴裡吐出一名約十五、六歲的女子，衣服綺麗，容貌絕倫。一會兒書生喝醉睡了，女子跟許彥說：「我攜了一男子隨行，書生既然睡了，我想叫他出來，請您不要說出去。」於是吐出一名男子，年約二十三、四歲，聰明俊秀，與許彥噓寒問暖。過一會兒書生有了動靜，似乎快醒了，女子趕緊又吐出一個織錦圍幛，書生便摟著女子一起睡去。這時男子跟許彥說：「這女子雖有情，但不盡心。我攜有一女子同行，想叫她出來，希望您不要洩漏。」男子從口中吐出一女子，約二十來歲，一起喝酒作樂，調戲甚久。忽然聽到圍幛內有聲響，男子趕緊將所吐出的女子放回口中。一會兒，

與書生共處的女子也匆忙出來吞下男子，獨自與許彥坐著。接著，書生出來向許彥道別，吞下女子以及所有銅器，留下一個兩尺多的大銅盤給許彥當作紀念。

後來許彥官拜蘭台令史（編譯館長官），有一次他用銅盤盛食物招待朋友，他的朋友告訴他這是東漢時代所製，距當時三百多年。

（摘自吳均《續齊諧記》—陽羨書生）

據古人考證，這個故事源自佛經，所以常常能突破物理的限制，故事中常有奇特的空間及重量觀念，突破倫常，卻沒有敗德之感。閱讀這一則充滿奇想的故事竟有如歷經一場奇遇。

看了這個故事不免將陽羨書生聯想為幹細胞。如果我們哪天遇到陽羨書生，也許可以請他吐出幾個書生來，這幾個書生又各自吐出一些人物、樂器、服裝等等，就可以演出一齣歌舞劇了。畢竟他無窮幻化的能力看起來是可以應付任何需求的。幹細胞，尤其是胚胎幹細胞，理論上就具有這種能力。但是該怎麼要求幹細胞？幹細胞與我們如何溝通？這些極機密的枝節就是幹細胞科學家日夜忙碌想要揭開的秘密：究竟是什麼力量讓一些幹細胞可以保持著幹細胞生涯，而另一些則走向分化的路途？什麼力量促使幹細胞變成皮膚、腦、肝等等？如今科學家已經有幾種取得幹細胞的方法，但是如果我們要利用幹細胞造福人群，就必須讓幹細胞分化成神經細胞來治療帕金森症、讓幹細胞分化成胰島細胞

來治療糖尿病……等等。

細胞是組織工程策略能否奏效的重要功臣，藉由幹細胞分化的研究，未來將可以定向誘導幹細胞分化成特定的成熟細胞。由於幹細胞具有在體外大量增殖的潛力，可以解決組織工程細胞數量的需求。雖然目前對於幹細胞的研究還沒成熟，不過由於許多科學家的投入，使得這一個領域的研究迅速發展。也許不久的將來，會有類似「細胞量販店」的機構出現，專門提供各式各樣的人體細胞，或培育客戶的幹細胞使其分化為所需細胞，作為組織器官修復的重要元件。

要成立細胞量販店需先克服幾個難題：

一、細胞的組織相容性要能被廣泛接納，最好是一種產品就能應付多數客戶的需求，這樣才可以提高產品的品質。如果每一個客戶的需求都要重新量身訂作，成本太高，而且如果每個人都是第一個使用者，就不容易建立產品的效力與安全性。

二、利用幹細胞定向分化為成熟細胞是一條漫長的路，大自然要花兩、三個月讓我們的胚胎分化成形，對照之下，現在科學家掌握的分化知識大概只有幾分鐘，充其量也不過幾天的程度。

三、現在科學家對於癌症形成的原因與過程仍然不是很了解，因此使用細胞商品也就沒辦法防止轉變成癌細胞。許多動物實驗植入的細胞後來都變成腫瘤，在克服這項困境之前，細胞量販店的產品有誰敢買？

細胞種子

導引正途的信息因子

　　除了支架及細胞以外，要想完成組織再生的艱鉅任務，還需要信息因子，才能誘導細胞在支架材料上正確地分化、遷移及生長，最後才能得到功能正常的組織或器官。信息因子指的是什麼呢？比方能幫助細胞黏貼在支架上的貼附因子，或是促進細胞正常生長的生長素，以及能夠引導幹細胞分化為所需的成熟細胞的細胞激素等，都是屬於信息因子的範疇。例如要誘導間葉基質細胞分化為軟骨時，需要加入一種「轉型生長素」；若要誘導它們變成骨骼細胞，則需要「骨骼塑型蛋白；至於「纖維細胞生長素」則更是胚胎早期成形過程極重要的信息因子。

　　刺激組織器官再生的信息並不局限於有形的分子。由於人體的細胞常置身於血流構成的流體力場之中，或如骨頭必須負起對抗地心引力的責任，機械應力等物理信息也會對細胞的增生與分化產生作用。

　　早期人工生醫材料的發展大約始於 1960 年代，外科醫生使用人工材料合成的人造皮膚來治療燒燙傷病人。1970 年代開始利用具抗凝血作用的肝素塗在人工皮膚上防止沾黏。經過 30 年的努力，人工皮膚終於獲得具體成果：如今人工皮膚（Organogenesis 公司）已經通過美國食品藥物管理局認證，對腿部潰瘍有不錯的療效。1990 年以後陸續開發出許多人工骨頭材料。到今天組織工程已有可觀的進展，人工皮膚以外，血管、骨頭、關節軟骨、角

膜都是組織工程的熱門目標。

人造氣管的經驗

利用自體幹細胞結合人工支架製造的人造氣管,於 2011 年植入一位癌症末期 36 歲病患的身體,取代他被癌瘤堵塞且沒辦法開刀的氣管。這位患者是非洲厄立特利亞人,男性,有兩個小孩,正在冰島攻讀博士。他經歷的這場手術引起了世人注意,是一次成功的手術,解決了迫在眉睫的呼吸問題。術後狀況良好,不必服用抗排斥的藥物。

之前曾經使用於人體的人造器官,有血管、尿道、氣管等,不過完全不用別人的組織當做支架,而是利用人造支架加上病患自己的成體幹細胞製造的器官,這是世界的先驅。馬加爾尼醫生領導的團隊在瑞典完成了這項手術。

患者於 2008 年被診斷出罹患了氣管癌,是一種罕見的癌症。兩年來,他經歷了化療和放射治療,不見起色。後來氣管的癌瘤長得跟乒乓球一樣大,造成呼吸困難。在等不到適合的捐贈者之後,醫生建議患者嘗試人造氣管。3 年前馬加爾尼醫生曾經幫另一個患者做過氣管移植,當時用的是其他人捐贈的氣管,醫生移除其中的細胞後,留下結締組織當做支架,再使用病患的間葉基質細胞生長在支架上,成為一半異體一半自體的氣管。

這次醫生先傳送患者的胸腔電腦斷層三維 X 光片到英國的席法利安教授手裡,教授的專長是製造多孔結構的奈米複合材料組

細胞種子

織工程支架。這支由柔軟的聚合物材質製成的 Y 型管，就像海綿一樣，有彈性，可以折彎，而且有無數的孔洞。其中的環讓支架維持著管狀，宛如真正的氣管一般。

馬加爾尼醫生從患者腰側的腸骨抽取了骨髓，在美國哈佛生物科學公司的生物反應器裡面，讓間葉基質細胞依附著支架生長。像鞋盒一般大小的生物反應器裡面，有適合細胞生長的恆溫控制，還有滾動的裝置，人造支架半浸泡在粉紅色澄清溶液裡面，約一分鐘翻轉一次，液面上的空氣則充滿了氧。溶液裡有病患的幹細胞、導引幹細胞分化為氣管細胞的化學物質，和營養素。兩天之後，人工氣管完成了。這是一支由量身打造的人工支架和病患細胞構成的氣管。用這個方法製造氣管，前後總共花了 10 到 12 天，比起等待器官捐贈動輒幾個月甚至幾年，快得多了。

四、最終的難題

　　除了治療疾病，逆轉老化也是許多人寄望於幹細胞的夢想。為了對抗老化，市面上已經充斥許多除去歲月痕跡的產品。假如男人發現頭髮日漸稀疏，可以買到落健或是柔沛增長毛髮，或許也可以考慮進行毛髮移植。性功能障礙嗎？多少人正在嘗試威而鋼、犀利士或是樂威壯。不論你是男是女，討厭看到鏡子裡頭逐漸浮現皺紋的容顏嗎？世面上有許多種除皺霜可以供你選擇（例如 Freeze24-7、Ice-Source、EyeCicles……不勝枚舉），或是到診所施打保妥適（肉毒桿菌素）、玻尿酸……不一而足。甚至磨砂、雷射、拉皮、削骨等五花八門的方法，抗老化門診手段之齊備，儼然如武則天手下酷吏拷問的刑場。

不必抗拒老化

　　當前抗老化的作法只是讓人們看起來沒那麼老而已，跟壽命可沒有什麼關係。老化是一個複雜的過程，在這個過程當中，每一個細胞和器官都參與其中，終究造成身體功能逐漸毀壞。

例如：

- 皮膚失去彈性、傷口癒合速度變慢。
- 骨骼變得比較脆弱、骨折以後不容易復元。
- 肺部組織漸漸失去彈性、胸腔的肌肉也逐漸萎縮。
- 血管壁堆積脂肪、血管隨之硬化。

老化最明顯的變化就是受傷的組織失去再生能力、容易感染以及容易罹患癌症，而這些變化最終都可以歸咎到體內幹細胞逐漸失去再造新細胞的能力。因為骨骼內或胸腺內的幹細胞如果逐漸不足以補充失去的細胞，免疫系統逐漸敗壞，就容易引發感染或癌症，其他器官主要也是因為幹細胞失去更新組織的能力而老化。

人類在登上進化最高點的路途上，一路犧牲了許多能力。以再生能力為例：砍掉渦蟲的頭之後大約 5 天，會再生一個頭；對半切開水螅，7 到 10 天之後會變成兩隻活生生的水螅；蠑螈的四肢或尾巴被獵食者奪取後，幾天內會再生新的尾巴或肢體出來。這些特異功能的秘密在於具備高度再生能力的動物體內有大量的幹細胞，或者牠們的細胞有逆向分化的能力，成熟的細胞會變成幹細胞。據估計，渦蟲、吸蟲、條蟲這一類的扁蟲體內有 20%的細胞是幹細胞，而水螅更可以說是永遠的胚胎。至於蠑螈，在緊急需要部分肢體的時候，成熟細胞會自動逆轉變成胚胎期的細胞，然後這些細胞移行到受傷的部位，再生缺失的肢體（圖 5-6）。

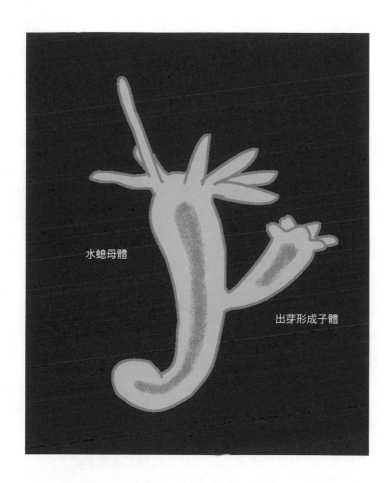

水螅母體

出芽形成子體

圖 5-6 1740 年，剛滿 30 歲的錢伯利藉著放大鏡和簡單的顯微鏡，發現水螅是
一種會移動、會捕捉獵物、又具有無性生殖能力的動物。錢伯利把水螅切
斷。過幾天牠就再生恢復原狀；錢伯利用一根豬毛抵住水螅的基部，緩緩
地往上頂，就像翻襪子一樣，這種外翻的水螅仍然能夠存活，看來所有的
功能似乎也都正常；把外翻的水螅套進另一隻同種水螅的空腔，兩隻水螅
會融合成一隻水螅。水螅具備的這些特異功能，令人類嘆為觀止。水螅體
內有大量功能廣泛的幹細胞，是這些現象的答案。

細胞激素

細胞激素跟生長素一同指引細胞的增殖與分化。細胞激素是一種低分子量的蛋白或醣蛋白，細胞激素剛被發現的時候是免疫系統的調節者，但是隨著時間推移，科學家發現的細胞激素種類越來越多、作用越來越廣，細胞激素的定義也越來越模糊。從一開始的觀念：「細胞激素是一種來自細胞的蛋白，負責調節細胞的增殖與分化、啟動防禦和修復機制」；後來的研究發現它還有其他作用，因此觀念必須修改成這樣：「細胞激素是一種來自細胞的蛋白，參與細胞間的協調」；或者「細胞激素是影響細胞行為的大分子」；甚至「細胞激素是一種具備生物作用的分子」。

細胞激素有點像是細胞與細胞之間的語言，就像荷爾蒙一樣。有些人主張荷爾蒙（例如各種生長素）也是一種細胞激素。下列這些都是細胞激素的例子──但是當然不止這些，因為隨時會有新的細胞激素問世：

- 媒介和調節先天免疫的細胞激素：干擾素、腫瘤壞死素、介白質、趨化激素；
- 媒介和調節特殊免疫的細胞激素：介白質、干擾素、轉型生長素、淋巴毒素；
- 刺激造血的細胞激素：介白質、各種群落激素等等。

加拿大的趨化激素醫療公司的科學家發明了一種可以對抗趨化激素的新藥（CTCE-9908），由於這種細胞激素的作用是引導腫瘤血管的形成，因此新藥可以抑制腫瘤血管新生，藉由阻斷癌細胞的營養補給路線來治療癌症。

　　哺乳動物在一定的範圍內可以更新一些組織，例如皮膚或骨髓。這種更新的能力隨年華老去而逐漸喪失。但是我們對於身體組織更新能力的關鍵細胞——成體幹細胞，也就是蟄伏在各種組織裡面的幹細胞，卻所知無幾。它們如何更新自己？如何分化？如何增殖？如何修補受損的組織？在在都是有趣的、等待解答的問題。

　　如第二章所提過的，提爾等人在 1963 年發現骨髓裡面有造血幹細胞，這是一種成體幹細胞，之後一直到 20 世紀最後幾年，才有其他組織的成體幹細胞面世，例如腸黏膜的幹細胞、神經幹細胞等等。

　　除了成體幹細胞以外，美國的科學家在 1998 年成功分離、培養功能更廣泛的胚胎幹細胞，立刻吸引各國研究者注目。亞洲各國急起直追，尤以日本發現了好方法，利用基因導入成熟細胞，讓成熟細胞回到分化初始的幹細胞狀態，開啟幹細胞研究另一個高潮。

　　依照目前的看法，胚胎幹細胞有製造人體各種細胞的能力，而且可以無限期更新，「成體幹細胞」則能夠終生再造它隱居處的組織。有人發現成體幹細胞還有一種特殊能力：轉分化的能力。例如小鼠造血幹細胞可以轉分化為神經細胞。但是這個說法受到一些科學家的挑戰，因為重複實驗的結果無法證實轉分化的現象，而且人類「成體幹細胞」也缺乏真正可信的轉分化證據。

　　「成體幹細胞」如果真的能夠轉分化，將省掉許多麻煩：未來需要新組織的人，只要從骨髓取得成體幹細胞，就可以讓它轉分化為多巴胺神經細胞治療帕金森症，或是轉分化為胰島細胞治療糖尿病，而且不會有組織相容的問題。這當然是令人振奮的期待，但是依照目前累積的經驗看來，「成體幹細胞」的轉分化只是一種例外而已。因此國際細胞治療學會提出，「幹細胞」這個名稱應該保留給在體內真正具備各種分化功能的幹細胞，而從組織基質獲得、分化功能有限的細胞則稱為「間葉基質細胞」。

　　體內充滿胚胎幹細胞的水螅，牠不老、不死的特性，理論上說來可算是不朽的生物。人因為高度特化的關係，身體裡面所有的細胞幾乎都已經向分化的路途邁進一大步了。人不像水螅，我們的幹細胞早已堅定地往老化的方向邁進。當幹細胞逐漸老化，逐漸失去再生的能力，我們的軀殼也會隨之逐漸佝僂、皮膚變皺、記憶力不如從前，只好頻頻回頭跟青春說再會（圖 5-7）。

幹細胞也會老化

　　從骨髓移植多年來的經驗，年齡是骨髓移植成功與否最關鍵的因素。年齡愈大的人，骨髓中造血幹細胞的質與量都會下降。加上老化會伴隨著骨髓中脂肪組織增加、細胞成份減少，表示骨髓跟著退化了。

　　除了造血幹細胞之外，所有的細胞在生命的早期也都能分裂，但是分裂的能力會逐漸喪失，即使是分裂能力旺盛的纖維細

圖 5-7 小魯卡斯（Lucas Cranach df），〈青春之泉〉，1564 年油畫作品，現藏柏林國家博物館。圖中左邊乘著馬車來的或是用擔架抬來的，是老耄或生病的人，經過青春之泉的洗滌，從右邊上來的卻是挺拔的或是身材窈窕的年輕男女。這是藝術家美好的想像，但絕不是幹細胞科學給人們的承諾。

胞也只能分裂 50 到 60 次，之後 DNA 複製的能力受阻，細胞週期就停止了。小鼠的細胞只能分裂 5 到 10 次，最終不是死亡，就是轉型，這也是小鼠壽命比人類短的原因之一。

在人體裡面，幹細胞是否也普遍有分裂漸漸受限的情形？這一點雖然有待確認，但人體確實有老化現象，因此聲稱幹細胞可以不受限分裂是難以令人信服的。從基因的觀點看來，一些「加

強分裂的基因」會隨著老化逐漸被「抑制分裂的基因」超越。「加強分裂的基因」發生突變的線蟲壽命會縮短，人的老化與這類基因的表達可能也有關係。

端粒的長度可能也是細胞老化的因素。染色體兩端有一個端粒的結構，是由重複的 DNA 片段構成，可以保護染色體。每次細胞分裂的時候，端粒就耗掉一點，染色體也就越來越不穩定。受精卵有端粒酶，可以補充損失的端粒。胚胎幹細胞也有端粒酶，是否所有的幹細胞都有端粒酶還很難說，成熟的細胞則沒有端粒酶。只要細胞分裂的能力受限，就是會老化的細胞。

除此之外，DNA 甲基化也跟老化有關。DNA 甲基化是一種外基因遺傳的過程，也就是說，母細胞甲基化的型態會遺傳給子細胞，因此縱使 DNA 序列沒有改變，但是甲基化會累積，是細胞代代相傳過程所行走的一條不歸路。甲基化會影響 DNA 轉錄、修補、重組等功能，這是老化的關鍵。從胚胎幹細胞一路分化到成熟的細胞，其實也是 DNA 一路甲基化的過程，因此它們的 DNA 不再是複製不受限的分子。

生物體的細胞會受到超氧自由基的破壞，幹細胞在人體內一樣也會受到超氧自由基的影響。縱使幹細胞處在蟄伏的狀態，我們庸碌的人生產生的自由基也會破壞幹細胞的繁衍能力。此外，譬如糖化現象：葡萄糖分子善於與蛋白結合，造成蛋白與蛋白之間的糾纏，結果蛋白失去作用，細胞的功能也會逐漸鈍化。另外，我們的環境中不時有放射線攜帶著足以破壞 DNA 的能量穿

與美容相關的熱門生長素

隨著細胞學的發達，許多與細胞增殖相關的生長素逐漸被用來當作治療皮膚燒燙傷或美容的用途。其中最熱門的就屬表皮細胞生長素和纖維細胞生長素。

表皮細胞生長素與細胞表面的表皮細胞生長素受體結合後，啟動 DNA 的合成及細胞分裂。主要的功能是促進表皮細胞及中胚層細胞的增殖與分化。

表皮細胞生長素受體又稱 ErbB-1，同一家族有一個聲名狼藉的成員叫做 ErbB-2，與癌症形成很有關係。乳癌、肺癌、其他半數以上的癌症都有 ErbB-2 過度表達的現象。因此，表皮細胞生長素會不會致癌？想拿表皮細胞生長素來更新皮膚以達到美容目的的人要小心。

纖維細胞生長素家族有 20 幾個成員。它們結合到纖維細胞生長素受體後，促進血管內皮細胞增生，讓受傷的地方長出新的血管，足以運送充足的營養，傷口就可以迅速癒合。還會刺激纖維細胞繁殖，迅速填補傷口。纖維細胞是負責合成膠原蛋白的工廠，膠原蛋白讓皮膚堅實、具有彈性，近年來已經是家喻戶曉的美容聖品。

這兩種生長素是繁殖幹細胞的時候必備的成份。

進穿出我們的身體。這些不利於細胞長久生存的因素都會隨著歲月累積，終於造成細胞不可承受的狀態。

上述所有造成細胞老化的原因，都可能影響到幹細胞。因此，我們身體裡面存留的成體幹細胞，縱使有著幹細胞的美名，

但是在老化強大的壓力面前,把它們當作分裂能力有限的細胞,可能比較接近實情。也就是說,我們身體裡面的幹細胞應該沒有辦法滿足逆轉老化或延長壽命的期望。胚胎幹細胞研究還在初步階段,不像造血幹細胞有比較多的經驗與研究,確實留下一個可以任憑想像揮灑的空間。

老化是自然現象,現代人的難題在於如何利用幹細胞治療疾病,不在於如何利用幹細胞逆轉老化(圖 5-8)。

基因編輯新生兒

人工基因編輯的人類嬰兒誕生了。這是 2018 年最聳動的科技新聞。在深入了解事件始末之前,先介紹與事件相關的愛滋病。

人類免疫缺陷病毒是愛滋病的致病因子。根據世界衛生組織統計,被感染的孕婦,如果沒有抗病毒治療,嬰兒感染的機會可以高達 30%,如果母親自己哺乳,嬰兒感染的機會還要增加到 35% 甚至 50%。病毒量越大,感染力越高。如果孕婦接受抗病毒治療、剖腹產、初生嬰兒接受一劑抗病毒藥,就可以降低嬰兒感染到 1-2%。2017 年,全世界每 10 名被免疫缺陷病毒感染的孕婦有 8 名使用了抗病毒藥物。

如果只是男人被感染,而他又想成為爸爸呢?最好的辦法就是服藥、洗精、做試管嬰兒,這樣做就不會傳染給嬰兒了。沒經過這些處理,會有傳染給嬰兒的危險,因為精子也會攜帶免疫缺陷病毒,曾經有一個案例就是愛滋爸爸傳給愛滋胎兒,媽媽沒受

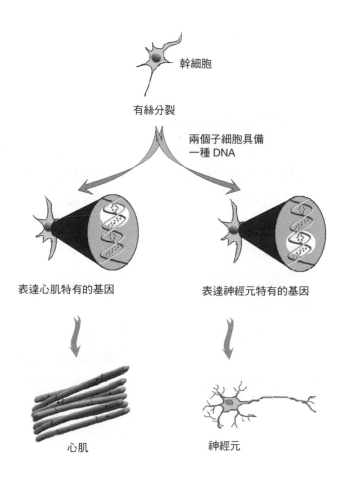

圖 5-8 個體的每一種細胞都擁有一樣的 DNA，但是命運卻很不一樣：有的以後是忙碌的心肌細胞，終身都要規律地收縮——放鬆——收縮——放鬆，有的則分化成電路一般的神經元，以傳導信息為職志。一樣的 DNA 為什麼會有不一樣的功能？這是因為幹細胞所處的微環境有許多控制基因表達的分子，不一樣的微環境啟動不一樣的基因，因而改變了細胞分化的命運。

到感染。

　　免疫缺陷病毒要進入人類細胞，需經過一種叫做 CCR-5 的信息因子受體。這個受體基因有 6000 個核苷酸，大約 2500 年前出現了一種少了 32 個核苷酸的版本，以 Δ-32 表示。現在白人約 1% 是 Δ-32 同合子，兩個對偶基因都有缺失；約一成是異合子，意思是對偶基因的一個有缺失，一個沒有。有個研究針對 2000 名暴露於愛滋病的高危險群，其中 1300 人發病，竟沒有一個同合子。只有一個基因變異的異合子比起沒有攜帶 Δ-32 的人也有比較好的抵抗力，他們比較不會被感染，縱使被感染細胞裡的病毒含量也比較低。

　　Δ-32 就像一個有問題的收發處，本來無法攔阻免疫缺失病毒的收發處，現在因為突變，病毒進不去了。就感染愛滋病這件事情來說，Δ-32 是一種好的突變。可是這種突變卻會讓人比較容易得到 C 型肝炎、和西尼羅河病毒引起的腦炎、還有我們熟悉的登革熱。有一個研究發現，有 Δ-32 基因的人得到流感致死的機會是其他人的 4 倍。神經科學的研究發現，失去功能的 CCR-5 會讓實驗室的小鼠出現認知的變化，缺失小鼠對危險跟疼痛學得比較快，對人類認知的影響還不明。2019 年自然醫學期刊一篇研究，比對了超過 40 萬人的基因資料與死亡率，發現 Δ-32 同合子對壽命是有害的：比起只有一個 Δ-32 或兩個 CCR-5 都是野生型的人，他們活到 76 歲的機會少了 21%。這些現象告訴我們，CCR-5 是一種重要的基因，而突變的 Δ-32 會造成人體很多改變，

就既有的研究看來，Δ-32 帶來的壞處遠大於好處。

中國科學家賀建奎於 2018 年 11 月公開發表，他利用基因編輯技術製造了一對雙胞胎女嬰，已於當月稍早誕生。他們為 7 對男方是人類免疫缺陷病毒陽性、女方陰性的對象收費製作試管嬰兒，並且在受精卵的階段實施基因編輯，最後在實驗室製造了 30 個胚胎。賀任職於深圳的南方科技大學，他利用近年最火紅的 CRISPR 基因編輯技術，定靶敲除受精卵的 CCR-5 基因，目的是讓免疫缺陷病毒無法從 CCR-5 進入細胞。賓州大學遺傳學家從賀的演講資料判斷，賀的基因編輯製造了 3 個不同的失能基因，雙胞胎姊妹其中一人的兩個 CCR-5 基因都失能了，另一人至少還有一個有功能的野生型 CCR-5 基因。賀在基因編輯峰會演講時也說明那 3 個被敲除的基因都不是 Δ-32。

這新聞一時震驚了全世界的科學家。作為全世界第一個創造基因編輯嬰兒的科學家，賀的名字肯定會留在科學史上了，只是會是美名，還是惡名？基因編輯技術雖然是實驗室好用的方法，但是對於 CRISPR 這種分子剪刀的作用還有許多未解之處。譬如，製作分子剪刀的時候，必須設計一段約 20 個核苷酸的序列，它會引導剪刀找到基因體中互補的位置，執行裁切或修補，問題是，有時候設計出來的序列會找不到目標，有時候會找錯目標，或裁切時細胞馬上啟動修補。實驗室操作跟實驗動物或人體臨床應用差很多，也許分子剪刀編輯一小段基因看似利索，可是難說有沒有不小心裁切到別的地方。這次誕生的兩名嬰兒，一個人有

一對兩個 *CCR-5* 基因，兩個人有 4 個基因，4 個基因裁出來都不一樣，這就是脫靶。

中國科技部副部長徐南平在接受採訪時表示：以生殖為目的的人類胚胎基因編輯的臨床操作在中國是明令禁止的。這次媒體報導的基因編輯嬰兒事件，公然違反了國家相關法規條例，也公然突破學術界堅守的道德倫理底線，令人震驚不可接受。中國醫學科學院在著名期刊《The Lancet》上發表聲明，反對任何違反社會道德規範、法律，應用於生殖方面的胚胎基因編輯，並指 CRISPR 在臨床應用上還有諸多尚未解決的問題。文中也譴責賀的基因編輯嬰兒實驗突破了學術道德倫理底線，嚴重違反了中國已有的相關法規。

最終的難題在倫理

幹細胞醫學的發展，在山中伸彌建立了從成熟細胞誘導多能幹細胞技術之後，之前關於胚胎幹細胞的爭議已經大部分解決。加上 2012 年分子剪刀（CRISPR）基因編輯技術問世，在實驗室修改基因不再像以往憑著機率誤打誤撞的方式，而是可以迅速和相當程度瞄準要修改的基因加以編輯。利用這些技術，科學家可以建立疾病模式的組織，在培養皿中尋找有效的治療藥物；也可以製作組織，修補壞掉的器官。這些好消息確實讓我們對幹細胞科學的臨床轉譯充滿希望。

骨髓移植是臨床上實施最多的幹細胞醫學，許多血液病靠

著骨髓幹細胞移植治癒。除此之外，幹細胞科學轉譯到臨床應用的研究很多，試驗很多，但得到認證的卻極少。幹細胞科學的發展，吸引了許多立法者、贊助者、病家和大眾的關注，然而在期待和臨床實證當中，仍存在很大的落差。許多人等待幹細胞療法可以治癒或修補神經系統的疾病、心臟病、自體免疫疾病等等。高度的期待，卻需要非常長期、繁瑣的研究期程，反覆的動物試驗，以至最終的人體試驗。

漫長的等待產生了一種空間。有些醫療機構，跟研究人員合作，以人體試驗的名義，收取費用，進行療效未明、有問題的幹細胞醫療。法規不嚴謹的國家和先進國家都有的商品──「幹細胞醫療旅遊行程」，利用法律漏洞，提供可能來自病患自體的血液或脂肪組織中的「自體幹細胞」，「治療」各種疾病。

一位 66 歲的先生，因為脊髓中風沒有恢復得很好，分別在中國、阿根廷、墨西哥的醫院接受了幾次「幹細胞治療」，說是在脊髓鞘內注射間葉幹細胞、胚胎幹細胞、跟胎兒神經幹細胞。後來由於下肢漸漸無力、下背痛、小便失禁，因此到波士頓的醫院就醫。磁振造影看到胸椎有腫瘤。病理切片在顯微鏡下看到很像癌症的細胞增生，可是基因分析並沒有惡性膠母細胞腫瘤的變化，而是一種膠細胞增生。這些膠細胞來源不是患者自體細胞，是注入的異體細胞。經過放射治療，腫瘤變小，症狀得到緩解。

幹細胞的特性就是它擁有複製和分化功能，可是也正由於這種能力，所以很容易形成腫瘤。胚胎幹細胞注入小鼠體內形成惡

性畸胎瘤，小鼠神經幹細胞只要一點點基因突變就長成惡性膠母細胞瘤。實驗室培養細胞作量的擴增，這個過程就足以產生致癌性的突變。幹細胞跟藥物不一樣：藥物進入人體，通常一小段時間就經由消化系統或泌尿系統排出體外；但移植的幹細胞會存留體內，不知道 10 年或 20 年之後會發生什麼變化。

沒有規範的「幹細胞醫療旅遊行程」是一種新興的醫療產業。不知真假的傳奇個案，看起來先進高端的宣傳資料，加上聞名的幹細胞研究者或是醫生，就足以鼓動病家掏出所有。可是截至目前為止，所有幹細胞療法都是人體試驗階段。在沒有統計資料佐證的說法之下，打著自願參與人體試驗的名目，收取高額費用，規避政府監督，可能是許多幹細胞醫療旅遊行程的真實內涵。

加拿大的公共衛生研究發現，在 1052 個幹細胞臨床試驗中，有 393 個完成，其中約半數（179 個試驗）發表了結果；48 個由「幹細胞醫療旅遊行程」登錄的試驗統統沒有發表結果。多數結果認為安全，其中三分之二認為結果為正面。令人擔憂的是，我們無從知道口耳相傳、沒接受公家或企業補助，因而沒進入幹細胞轉譯研究登錄的數量有多少，這個數量可能千百倍於有登錄的試驗。再者，就算有登錄的研究，只要沒有效，通常不會發表，或是進行中發現問題不宜繼續的，也不會發表。我們大眾只能從少數幾個成功的案例報告獲得片面的信息。

究竟市面上所宣稱的幹細胞治療，或幹細胞回春術等等，有多少療效？民眾需要知道。面對眾多的不實宣傳，衛生機關需要

管理。可是網路上隱諱流傳的、國外的幹細胞醫療旅遊，根本無從管理。對於心動的類似活動，民眾應該要求可以查證的療效統計。比如這一個單位宣稱可以用幹細胞治療癱瘓，民眾應該問清楚幹細胞的來源？怎麼植入？實施過多少案例？成功率？可能的副作用？有沒有在醫學會或醫學期刊發表？

成立於 2002 年的非營利組織國際幹細胞研究學會（ISSCR），為幹細胞研究、再生醫學等領域提供指南。新近的版本是 2016 年提出，由歐亞美澳的 25 位科學家和 100 個包括監管機構、資助機構、期刊編輯、患者代表、研究人員以及普通公眾在內的個人或團體制定的《幹細胞研究和臨床轉譯指南》，其中就對倫理有明確的規範。

例如指南建議 2.1.4 寫著：人類在科學面及倫理面取得進一步共識前，任何以生殖為目的之修改人類胚胎核遺傳物質之行為目前都是不成熟的，須予以禁止。這一條文如果有受到尊重，有確實立法執行，就不會有 2018 的基因編輯嬰兒事件了。

指南 1 基本倫理原則第四段列出，「患者福利為先」：臨床醫生和研究員們對患者或受試者負有主要責任。臨床試驗永遠不能因對未來患者的受益承諾而無視當下研究受試者的福利。在正式研究環境之外進行的基於幹細胞的醫學干預應接受獨立的專家評議，並符合患者的最大利益。在幹細胞治療的安全性和有效性進行嚴格和獨立的專家評議之前就推向市場和提供給大量患者人群是違反醫療職業道德的。

　　這個條文如果沒有被立法並且嚴格執行，或只要有些國家沒有嚴格執行，甚或默許產業招收外國來客，就會製造出前面提到的 66 歲中風的先生那樣的幹細胞移植受害者。我國醫藥管理嚴格，國人不太會被公開的、政府許可的廣告欺騙。但是國人對各國法律跟不上科技發展的情況不可掉以輕心，尤其如果被當成觀光醫療狩獵的對象，根本等於放棄法律保護。

　　指南 1 基本倫理第 6 段提出的「透明原則」：參與幹細胞研究的人員應該加強與其他利益相關方進行及時、準確的科學資訊交流。研究人員應該與各種公眾團體進行交流，比如患者社群，以回應他們的資訊需求，並且應該傳達本領域的科學水準現狀，包括對各種潛在應用的安全性、可靠性和療效的不確定性等。

　　透明原則是打破科技知識壟斷謀取不當利益的利器，但也需要消費端提升自己的知識、結合成有力的組織，才能負起相應的責任，做起來不是那麼容易。

　　倫理的問題是人的良心的問題，而且往往站在利益的對立面。科技的問題可以科技解決，人的問題終究是最終的難題。

（全文完）

專有名詞中英對照

第 1 章

肌萎縮側索硬化症——Amyotrophic lateral sclerosis, ALS

神經元——Neuron, 即神經細胞

髓鞘——Axon

帕金森症——Parkinson's disease

超氧化物歧化酶基因——*SOD1*, superoxide dismutase 1

銳力得——Riluzol

麩胺酸——Glutamate

突觸核蛋白基因—— *α-synuclein, SNCA*

多巴胺——Dopamine

左多巴——Levodopa

膠細胞——Glia cell

寡突細胞——Oligodendrite

星狀細胞——Astrocyte

髓鞘——Myelin

嗅球——Olfactory bulb

許旺細胞——Schwann cell

加拿大的杜歇——Ron Doucette

嗅鞘細胞——Olfactory ensheathing cell, OEC

細胞附著分子——Cell adhesion molecules

虎克——Robert Hooke

細胞種子

許萊登——Matthias Schleiden

許旺——Theodor Schwann

神經幹細胞——Neural stem cell

卵裂球——Blastomere

全能幹細胞——Totipotent stem cell, 如受精卵、卵裂球

多能性幹細胞——Pluripotent stem cell, 可以分化為三個胚層，
但無法形成完整胚胎

多潛能幹細胞——Multipotent stem cell, 例如間質幹細胞，主要
分化為同一胚層

單能幹細胞——Unipotent stem cell, 例如造血幹細胞

轉分化——Transdifferentiation

神經球——Neurosphere

成體幹細胞——Adult stem cell, 是多潛能或單能

間質幹細胞——Mesenchymal stem cell, 多潛能

囊胚——Blastocyst

滋養層細胞——Trophoblast cell

內細胞團——Inner cell mass, 多能性

羊水幹細胞——Amniotic fluid derived stem cell

胚胎幹細胞——Embryonic stem cell

祖細胞——Progenitor

雷諾——Brent A. Reynold

介白質——Interleukin, IL

腦源的神經營養素——Brain derived neurotrophic factor, BDNF

睫狀神經營養素——Ciliary neurotrophic factor, CNTF

表皮生長素——Epidermal growth factor, EGF

纖維細胞生長素——Fibroblast growth factor, FGF

膠細胞源神經生長素 ——Glial cell derived neurotrophic factor, GDN

膠細胞生長素——Glial growth factor 2, GGF-2

類胰島生長素——Insulin like growth factor, IGF

神經營養素——Neurotrophin-3, NT-3

他汀類——Statins

壁龕——Niche

突觸——Synapse

殼——Putamen

異動症——Dyskinesia

武藏標記——Cell marker Musashi

武藏基因——*musashi* homologue

巢蛋白——Nestin

馬丁斯——Richard Wade-Martins

出澤真理——Mari Dezawa

凹痕基因——Notch

對壓力具耐受性的幹細胞——Multilineage differentiating stress enduring cell, 簡稱 Muse 細胞

細胞種子

第 2 章

顆粒球群落激素——Granulocyte colony stimulating factor, G-CSF,
　　或稱白血球生長激素

造血幹細胞——Hematopoietic stem cell

骨髓衰竭——Bone marrow failure

自我更新——Self renewal

提爾——James E. Till

馬柯洛——Ernest A. McCullough

法氏囊——Bursa fabricii

胸腺——Thymus

周邊血幹細胞移植——Peripheral blood stem cell transplantation

血竇——Blood sinusoid

骨髓移植——bone marrow transplantation, BMT

間質幹細胞——Mesenchymal stem cell, 骨髓的間質幹細胞或稱
　　間葉基質細胞

間葉基質細胞——Mesenchymal stromal cell

纖維細胞——Fibroblast

分化抗原—— Cluster of differentiation, CD

外科醫師朗——Frederick Lang

增殖——Reproduce

托瑪斯——E Donnall Thomas

體細胞核轉移——Somatic cell nuclear transfer, SCNT

組織相容——Histocompatible

白血球抗原型——Human leukocyte antigen, HLA

自體骨髓移植——Autologous BMT

同種異體骨髓移植——Allogeneic BMT

移植物對抗宿主——Graft versus host rejection

宿主對抗移植物——Host versus graft rejection

基因座——Gene locus

著床——Engraftment

第 3 章

試管嬰兒技術——In vitro fertilization

臍帶血——Cord blood

固態腫瘤——Solid tumor

臍帶血幹細胞——Cord blood stem cell

臍帶幹細胞——Umbilical cord stem cell

華通膠——Wharton's jelly

亞特拉——Anthony Atala

羊水幹細胞——Amniotic fluid-derived stem cell, AFS, AFSC

畸胎瘤——Teratoma

美國臍帶血計畫——National Cord Blood Program, NCBP

單核細胞——Mononuclear cell

斯涅爾——George Snell

組織相容抗原——Histocompatibility antigen, 簡稱 H 抗原

主要組織相容複體——Major histocompatibility complex, MHC

經典的主要組織相容複體基因——Classical MHC Genes

多賽——Jean Dausset

人類白血球抗原——human leukocyte antigen, HLA

蛋白酶體——Proteasome

內噬體——Endosome

樹突細胞——Dendritic Cell, DC

細胞毒性淋巴球——Cytotoxic T lymphocyte,CD8+

輔助者淋巴球——T helper lymphocyte, Th, CD4+

血清檢驗法——Serological typing

DNA 檢驗法——DNA based typing

美國骨髓捐贈者計畫——National Marrow Donor Program,
  NMDP

紐約血庫——New York Blood Center, NYBC

魯賓斯坦——Pablo Rubinstein

體外增殖——Ex vivo expansion

第 4 章

羅斯林研究所——The Roslin Institute

藥用蛋白質有限公司——Pharmaceutical Proteins Limited
  Therapeutics, 簡稱 PPL

威爾慕特——Ian Wilmut

無性生殖——Asexual reproduction

桃莉羊——Dolly the sheep

葛登——John B. Gurdon

坎培爾——Keith Campbell

桑椹胚——Morula

囊胚——Blastocyst

核轉移——即體細胞核轉移 , Somatic cell nuclear transfer, SCNT

同源匣基因——Homeobox gene

史密斯——Sadie L. Smith

端粒——Telomere

重設——Reprogramming

夏騰——Gerald Shatten

史納比——Snuppy

湯姆森——James Alison Thomson

吉爾哈特——John Gearhart

原始生殖細胞——Primordial germ cell

胚胎幹細胞——Embryonic stem cell, ES

胚胎生殖細胞——Embryonic germ cell, EG

分化——Differentiation

迪奇—威克修正案——Dickey-Wicker Amendment

藍札——Robert Lanza

誘導多能幹細胞——Induced pluripotent stem cell, iPS, iPSc

山中伸彌——Shinya Yamanaka

京都大學誘導多能幹細胞研究所——Center for iPS Cell Research and Application, Kyoto University, CiRA

酪胺酸血症——Tyrosinemia

一種代謝酪胺酸的酶——Fumarylacetoacetate hydrolase, FAH, 延胡索醯乙醯乙酸水解酶

四倍體互補法——Tetraploid complementation assay

二倍體——Diploid

高橋政代——Masayo Takahashi

高橋盾——Jun Takahashi

第 5 章

梅瑞醫生——Joseph E. Murray

巴納德醫生——Christian Barnard

李察——Richard Herrick

隆納德——Ronald Herrick

藤川——Takahisa Fujikawa

吸入式的胰島素——Exubera

類胰島生長素——Insulin-like growth factor 1, IGF1

耐受性誘導——Tolerance induction

協同刺激分子——Co-stimulator (B7)

史坦曼——Ralph M. Steinmann

樹突細胞——Dendritic cell

自然殺手細胞——Natural killer cell

改造的免疫——Adaptive immunity, 或稱為後天免疫

先天的免疫——Innate immunity

免疫耐受性——Tolerogenecity

巨噬細胞抑制素——Macrophage inhibitory cytokine-1, MIC-1

膜聯蛋白——Annexin-II

聚乳酸——Polylactate

聚甘醇酸——Polyglycolate

轉型生長素——Transforming growth factor, TGF

骨骼塑型蛋白——Bone morphogenic protein, BMP

馬加爾尼——Paolo Macchiarini

席法利安——Alexander Seifalian

哈佛生物科學公司——Harvard Bioscience

生物反應器——Bio-reactor

錢伯利——Abraham Trembley

細胞激素——Cytokines

國際幹細胞研究學會——The Fnternational Society for Stem Cell
　　Research(ISSCR)

 細胞種子

主要參考資料

第 1 章

Yao R et al. Olfactory Ensheathing Cells for Spinal Cord Injury: Sniffing Out the Issues. Cell Transplant. 2018 Jun;27(6):879-889.

Franklin RJM, Barnett SC. Do olfactory glia have advantages over Schwann cells for CNS repair. J Neurosci Res 1997; 50: 665 – 72.

Boyd JG, Doucette R, Kawaja MD. Defining the role of olfactory ensheathing cells in facilitating axon remyelination following damage to the spinal cord. FASEB J 2005; 19(7): 694-703.

Boyd JG, Skihar V, Kawaja M, Doucette R. Olfactory ensheathing cells: historical perspective and therapeutic potential. Anat Rec 2003; 271B:49-60.

Ludwig TE et al. Derivation of human embryonic stem cells in defined conditions. Nat. Biotechnol 2006;24:185-187.

Reynolds BA, Weiss S. Generation of neurons and astrocytes from isolated cells of the adult mammalian central nervous system. Science 1992; 255:1707-1710.

Reynolds BA et al. Neural stem cells and neurospheres--re-evaluating the relationship. Nat Methods 2005; 2(5): 333-6.

Silani V, Cova L, Corbo M, Ciammola A, Polli E. Stem-cell therapy for amyotrophic lateral sclerosis. Lancet. 2004; 364: 200-2.

Letizia Mazzini et al. Stem cell therapy in amyotrophic lateral sclerosis: a methodological approach in humans (2003). ABSTRACT MEDLINE.

Klein SM et al. GDNF delivery using human neural p rogenitor cells in a rat model of ALS. Hum Gene Ther. 2005 ; 16: 509-21.

McDonald, J.W. et al. Transplanted embryonic stem cells survive, differentiate and promote recovery in the injured rat spinal cord. Nature Medicine 1999; 12: 1410-1412.

Brian J. Cummings et al. Human neural stem cells differentiate and promote locomotor recovery in spinal cord-injured mice. Proc. Natl. Acad. Sci. 2005; 102: 14069-74.

Yasushi Takagi et al. Dopaminergic neurons generated from monkey embryonic stem cells function in a Parkinson primate model. J. Clin. Invest. 2005; 115:102-109.

Love S et al. Glial cell line-derived neurotrophic factor induces neuronal sprouting in human brain, Nature Medicine 2005; 11: 703-704.

Gill SS et al. Direct brain infusion of glial cell line-derived neurotrophic factor in Parkinson disease. Nature Medicine 2003; 9: 589-595.

University of Oxford. Nerve cells grown from stem cells give insight into Parkinson's. http://www.ox.ac.uk/media/news_stories/2011/110617. html on 17 Jun 2011

Mari Dezawa et al. Specific induction of neuronal cells from bone marrow stromal cells and application for autologous transplantation. J Clin Invest 2004; 113: 1701-1710.

Wakao S, Dezawa M. et al. Multilineage-differentiating stress-enduring (Muse) cells are a primary source of induced pluripotent stem cells in human fibroblasts. Proc Natl Acad Sci U S A. 2011 Jun 14;108(24):9875-80.

Matsuse D, Dezawa M. et al. Human umbilical cord-derived mesenchymal stromal cells differentiate into functional Schwann cells that sustain peripheral nerve regeneration.J Neuropathol Exp Neurol. 2010 Sep;69(9):973-85

細胞種子

第 2 章

廣島市政府. 被爆 60 周年平和宣言. http://www.city.hiroshima.
　lg.jp/www/contents/0000000000000/1154593972880/index.html

美國國衛院幹細胞資源中心： http://stemcells.nih.gov/　Modified on
　August 03, 2011

Horwitz E. et al. Clarification of the nomenclature for MSC: the
　International Society for Cellular Therapy position statement.
　Cytotherapy 2005; 7:393.

Barge RMY et al. Comparison of allogenic T cell-depleted peripheral
　blood stem cell and bone marrow transplantation: effect of stem
　cell source on short- and long-term outcome. Bone Marrow
　Transplantation 2001; 27:1053-68.

Mareschi K. et al. Isolation of human mesenchymal stem cells: bone
　marrow versus umbilical cord blood. Haematol 2001;86:1099–1100.

Abigali S. et al. The cutting edge of mammalian development: How the
　embryo makes teeth. Nat Rev Genet 2004; 5: 499-508.

Nakazimo A. et al. Human bone marrow-derived mesenchymal stem cells
　in the treatment of gliomas. Cancer Res 2005; 65: 3307 – 3318.

Caplan AI. Mesenchymal Stem Cells: Time to Change the Name! Stem
　Cells Transl Med. 2017 Jun;6(6):1445-1451.

慈濟造血幹細胞捐贈者釋疑：http://tw.tzuchi.org/btcscc/q_a/01.htm
　更新 2011 年 3 月

第 3 章

據河南商報報導，2006 年 1 月 19 日小豆子在病房過四歲生日。
　這一天是他第三次化療後的第 16 天，精神狀態和身體方面都

恢復得很好，白血球 5700（參考值 5 千到 1 萬）、血小板 23
萬（參考值 10 到 30 萬）、貧血已糾正，各項指標正常，身體
狀況良好。

李光申 et al. Isolation of multipotent mesenchymal stem cells from umbilical
cord blood . Blood 2004; 103: 1669-1675.

美國臍帶血計畫 http://www.nationalcordbloodprogram.org/patients/
ncbp_diseases.pdf

Bornstein R et al. A modified cord blood collection method achieves
sufficient cell levels for transplantation in most adult patients. Stem
Cells 2005; 23(3): 324 - 334.

Rubinstein P et al. Outcomes among 562 Recipients of Placental-Blood
Transplants from Unrelated Donors. N Engl J Med 1998;339:1565-
77.

P. Rubinstein. Cord blood banking for clinical transplantation. Bone
Marrow Transplant 2009; 44: 635-642. http://www.nature.com/bmt/
journal/v44/n10/full/bmt2009281a.html

Hurley CK et al. Maximizing optimal hematopoietic stem cell donor
selection from registries of unrelated adult volunteers. Tissue Antigens
2003; 61: 415-24.

Wagner JE et al. Transplantation of unrelated donor umbilical cord blood
in 102 patients with malignant and nonmalignant diseases: influence
of CD34 cell dose and HLA disparity on treatment-related mortality
and survival. Blood. 2002; 100(5): 1611-1618.

New York Blood Center, National Cord Blood Program. Cord blood can
save lives. http://www.nationalcordbloodprogram.org/ updated on:
6/16/2010.

細胞種子

Grewal SS et al. Unrelated donor hematopoietic cell transplantation: marrow or umbilical cord blood? Blood. 2003; 101(11): 4233-4244.

Work Group on Cord Blood Banking. American academy of Pediatrics: Policy statement. Cord Blood Banking for Potential Future Transplantation. PEDIATRICS Vol. 119 No. 1 January 2007, pp. 165-170

阿給的故事 http://www.cordblood.med.ucla.edu/Gabriel.html

Paolo De Coppi, Anthony Atalaet al. Isolation of amniotic stem cell lines with potential for therapy. Nature Biotechnology 25, 100 - 106 (2007)

第 4 章

Wilmut I. et al. Viable offspring derived from fetal and adult mammalian cells. Nature 1997; 385, 810-813.

Campbell KHS et al. Sheep cloned by nuclear transfer from a cultured cell line. Nature 1996; 380, 64-66.

Matthew J. Evans, Cagan Gurer, John D. Loike, Ian Wilmut, Angelika E. Schnieke, Eric A. Schon. Mitochondrial DNA genotypes in nuclear transfer-derived cloned sheep. Nature Genetics 1999:23: 90-93.

Smith SL et al.Global gene expression profiles reveal significant nuclear reprogramming by the blastocyst stage after cloning. PNAS 2005; 102: 17582-17587.

Thomson JA et al. Embryonic stem cell lines derived from human blastocysts. Science 1998 Nov 6; 282(5391):1145-7.

Shamblott MJ, Gearhart JD et al. Derivation of pluripotent stem cells from cultured human primordial germ cells. PNAS 1998. 95(Nov 10): 13726- 31.

John Gearhart. New Potential for Human Embryonic Stem Cells. Science 1998; 282:1061- 1062.

2009 National Institutes of Health Guidelines on Human Stem Cell Research http://stemcells.nih.gov/policy/2009guidelines.htm

Chung Y, Lanza R et al. Embryonic and extraembryonic stem cell lines derived from single mouse blastomeres. Nature 2006; 439:216-219.

Meissner A, and Jaenisch R. Generation of nuclear transfer-derived pluripotent ES cells from cloned Cdx2-deficient blastocysts. Nature 2006; 439:212-215.

CHEN Y, SHENG HZ et al. Embryonic stem cells generated by nuclear transfer of human somatic nuclei into rabbit oocytcs. Cell Research 2003; 13(4):251-263.

朝鮮日報（2005-11-23）http://chinese.chosun.com/big5/site/data/html_dir/2005/11/23/20051123000009.html

Lee BC et al. Dogs cloned from adult somatic cells.Nature 2005; 436(7051): 641.

Huang WS et al. Patient-specific embryonic stem cells derived from human SCNT blastocysts. Science 2005; 308(5729):1777-83.

Huang WS et al. Evidence of a pluripotent human embryonic stem cell line derived from a cloned blastocyst. Science 2004; 303(5664):1669-74.

林正焜著，《認識 DNA》──基因科學的過去、現在與未來。第 4 章：分子武器──攔截入侵者（商周出版）2010.

Patrick P. L. Tam and Janet Rossant Mouse embryonic chimeras: tools for studying mammalian development. December 22, 2003 Development 130, 6155-6163

U.S. Department of Health & Human Services. The Promise and the Challenge of Stem Cell Research.Last revised: April 19, 2011. http://www.hhs.gov/asl/ testify/2007/01/ t20070119a.html

Takahashi K, Yamanaka S. Induction of pluripotent stem cells from mouse embryonic and adult fibroblast cultures by defined factors. Cell. 2006 Aug 25;126(4):663-76.

Takahashi K, Yamanaka S. Induction of pluripotent stem cells from adult human fibroblasts by defined factors. Cell. 2007 Nov 30;131(5):861-72.

Wu G, Sgodda M, et al. Generation of Healthy Mice from Gene-Corrected Disease-Specific Induced Pluripotent Stem Cells. PLoS Biol 2011 9(7): e1001099. doi:10.1371/journal.pbio.1001099

Kyosuke Hino et al. Activin-A enhances mTOR signaling to promote aberrant chondrogenesis in fibrodysplasia ossificans progressive. J Clin Invest 2017; 127:3339-52.

Michiko Manda. Autologous Induced Stem-Cell-Derived Retinal Cells for Macular Degeneration. N Engl J. Med 2017; 376:1038-1046.

第 5 章

Falcon A. *CCR5* deficiency predisposes to fatal outcome in influenza virus infection. J Gen Virol. 2015 Aug;96(8):2074-8.

Chen Wang et al. Gene-edited babies: Chinese academy of medical sciences' response and action. Lancet 2019-1-5, P25-26.

Xinzhu Wei. *CCR5-* Δ 32 is deleterious in the homozygous state in humans. Nature Medicine 25; p909–910(2019).

L. Turner et al. Selling stem cells in the USA: assessing the direct-toconsumer industry. Cell Stem Cell, 19 (2016), pp. 154-157.

A.L. Berkowitz et al. Glioproliferative lesion of the spinal cord as a complication of "Stem-Cell Tourism". N. Engl. J. Med., 375(2016), pp. 196-198.

MosesFung et al. Responsible Translation of Stem Cell Research: An Assessment of Clinical Trial Registration and Publications. Stem cell reports 9 May 2017, Pages 1190-1201.

國家圖書館出版品預行編目資料

細胞種子（2019年增修版）：幹細胞和臍帶血的故事
／林正焜著. 初版. ——臺北市：商周出版：家庭傳
媒城邦分公司發行, 2019〔民108〕
面；公分.——（科學新視野；67）
ISBN 978-986-124-689-5（平裝）

1. 細胞工程　2. 幹細胞　3. 臍帶血

361.92

科學新視野67

細胞種子（2019增修版）——幹細胞和臍帶血的故事

作　　　者／林正焜
責 任 編 輯／曹繼韋、黃靖卉

版　　　權／黃淑敏、翁靜如
行 銷 業 務／莊英傑、周佑潔、黃崇華、李麗淳
總 編 輯／黃靖卉
總 經 理／彭之琬
事業群總經理／黃淑貞
發 行 人／何飛鵬
法 律 顧 問／元禾法律事務所 王子文律師
出　　　版／商周出版
　　　　　　城邦文化事業股份有限公司
　　　　　　台北市中山區民生東路二段141號9樓
　　　　　　電話：(02) 2500-7008　　傳真：(02) 2500-7759
　　　　　　E-mail：bwp.service@cite.com.tw
　　　　　　Blog：http://bwp25007008.pixnet.net/blog
發　　　行／英屬蓋曼群島商家庭傳媒股份有限公司城邦分公司
　　　　　　台北市中山區民生東路二段141號2樓
　　　　　　書虫客服服務專線：02-25007718・02-25007719
　　　　　　24小時傳真服務：02-25001990・02-25001991
　　　　　　服務時間：週一至週五09:30-12:00・13:30-17:00
　　　　　　郵撥帳號：19863813　　　戶名：書虫股份有限公司
　　　　　　讀者服務信箱E-mail：service@readingclub.com.tw
　　　　　　歡迎光臨城邦讀書花園　　網址：www.cite.com.tw
香港發行所／城邦（香港）出版集團有限公司
　　　　　　香港灣仔駱克道193號東超商業中心1樓
　　　　　　E-mail:hkcite@biznetvigator.com
　　　　　　電話：(852) 25086231　　傳真：(852) 25789337
馬新發行所／城邦（馬新）出版集團【Cité (M) Sdn. Bhd. (458372U)】
　　　　　　41, Jalan Radin Anum, Bandar Baru Sri Petaling,
　　　　　　57000 Kuala Lumpur, Malaysia
　　　　　　電話：(603) 90578822　　傳真：(603) 90576622
　　　　　　Email：cite@cite.com.my

封 面 設 計／斐類設計工作室
版 型 設 計／洪菁穗
排　　　版／極翔企業有限公司
印　　　刷／韋懋實業有限公司
總 經 銷／聯合發行股份有限公司 電話：(02) 29178022　傳真：(02) 29156275

■2006年7月初版一刷
■2011年9月二版一刷
■2019年9月三版一刷
定價320元

Printed in Taiwan

城邦讀書花園
www.cite.com.tw

 商周出版

讀者回函卡

感謝您購買我們出版的書籍！請費心填寫此回函卡，我們將不定期寄上城邦集團最新的出版訊息。

不定期好禮相贈
立即加入：商周
Facebook 粉絲團

姓名：＿＿＿＿＿＿＿＿＿＿＿＿＿＿＿＿＿＿＿ 性別：□男 □女

生日：西元＿＿＿＿＿＿年＿＿＿＿＿＿月＿＿＿＿＿＿日

地址：＿＿＿＿＿＿＿＿＿＿＿＿＿＿＿＿＿＿＿＿＿＿＿＿＿

聯絡電話：＿＿＿＿＿＿＿＿＿＿ 傳真：＿＿＿＿＿＿＿＿＿＿

E-mail ：

學歷：□ 1. 小學 □ 2. 國中 □ 3. 高中 □ 4. 大學 □ 5. 研究所以上

職業：□ 1. 學生 □ 2. 軍公教 □ 3. 服務 □ 4. 金融 □ 5. 製造 □ 6. 資訊

　　　□ 7. 傳播 □ 8. 自由業 □ 9. 農漁牧 □ 10. 家管 □ 11. 退休

　　　□ 12. 其他＿＿＿＿＿＿＿＿＿＿＿＿＿＿＿＿＿

您從何種方式得知本書消息？

　　　□ 1. 書店 □ 2. 網路 □ 3. 報紙 □ 4. 雜誌 □ 5. 廣播 □ 6. 電視

　　　□ 7. 親友推薦 □ 8. 其他＿＿＿＿＿＿＿＿＿＿＿＿

您通常以何種方式購書？

　　　□ 1. 書店 □ 2. 網路 □ 3. 傳真訂購 □ 4. 郵局劃撥 □ 5. 其他＿＿＿

您喜歡閱讀那些類別的書籍？

　　　□ 1. 財經商業 □ 2. 自然科學 □ 3. 歷史 □ 4. 法律 □ 5. 文學

　　　□ 6. 休閒旅遊 □ 7. 小說 □ 8. 人物傳記 □ 9. 生活、勵志 □ 10. 其他

對我們的建議：＿＿＿＿＿＿＿＿＿＿＿＿＿＿＿＿＿＿＿＿

　　　　　　　＿＿＿＿＿＿＿＿＿＿＿＿＿＿＿＿＿＿＿＿＿＿

　　　　　　　＿＿＿＿＿＿＿＿＿＿＿＿＿＿＿＿＿＿＿＿＿＿